U0258755

我们是星尘，体内流淌着 10 亿年前的碳元素。献给丽莎和孩子们。

宇宙 小史

The Little Book of Cosmology

韩潇潇 译 潘涛 审校

[美] 莱曼·佩奇（Lyman Page）著

中信出版集团 | 北京

图书在版编目（CIP）数据

宇宙小史/（美）莱曼·佩奇著；韩潇潇译 . -- 北京：中信出版社，2022.3
书名原文：The Little Book of Cosmology
ISBN 978-7-5217-3889-6

I . ① 宇 ⋯ II . ① 莱 ⋯ ② 韩 ⋯ III . ① 宇宙学－普及读物 IV . ① P159-49

中国版本图书馆 CIP 数据核字（2021）第 281166 号

宇宙小史

著者： ［美］莱曼·佩奇
译者： 韩潇潇
出版发行：中信出版集团股份有限公司
（北京市朝阳区惠新东街甲 4 号富盛大厦 2 座 邮编 100029）
承印者： 北京中科印刷有限公司

开本：880mm×1230mm 1/32 印张：6.75 字数：150 千字
版次：2022 年 3 月第 1 版 印次：2022 年 3 月第 1 次印刷
京权图字：01-2020-4754 书号：ISBN 978-7-5217-3889-6
定价：69.00 元

版权所有·侵权必究
如有印刷、装订问题，本公司负责调换。
服务热线：400-600-8099
投稿邮箱：author@citicpub.com

本书赞誉

国外的科学家在取得新的科研成果之后，往往会写一本面向大众的书进行科普。莱曼·佩奇在讲述自己真正的研究之前，很好地对自己的研究领域的基本情况进行了介绍。对于绝大多数人来说，如此简明通俗的《宇宙小史》很精彩，用作者的话说，具备中学数学和物理基础的人就能读懂这本书。我推荐大家多读读这样的科普书，大家会对这个领域产生兴趣。

林群

中国科学院院士／中国科学院数学与系统科学研究院研究员

天地玄黄，宇宙洪荒。宇宙起源是 20 世纪的科学家留给21 世纪的科学家解决的自然界四大起源谜题之首，此外还有物质起源、生命起源和人类起源。

这本书：气魄宏大，笔触隽永，以极简篇幅，扩展至大时空；从常识入手，分析宇宙构成演化、宇宙微波背景、宇宙标准模型，以及宇宙学前沿领域；由浅入深，循序渐进，启秘阐幽，探源溯流，于宇宙之过往及未来，一览无遗，何其妙哉。

书末附录之电磁波谱、扩充空间、宇宙年表、时空关系，言简意赅，余音袅袅。

读毕掩卷深思，这本书可与霍金的《时间简史》媲美，于科普经典中可奉为圭臬。

王渝生

中国科学院自然科学史研究所原副所长／中国科技馆原馆长
国家教育咨询委员会委员

我们生活的宇宙到底是什么样子的，这是所有人都感兴趣的问题，特别是青少年。然而，介绍宇宙的书籍一般比较深奥，不易读懂。我惊喜地发现，具有初中文化的读者就能读懂《宇宙小史》这本书。

作者用简明通俗的语言和生动的比喻介绍了宇宙的方方面面，包括它的大小、年龄、结构和演化，还包括宇宙微波背景、暗物质、宇宙学常数、引力波等知识。读者只需花很少的时间，就能对宇宙有一个比较全面、科学的了解。

赵峥

北京师范大学物理系教授／中国引力与相对论天体物理学会前理事长

名副其实的极简宇宙史，以小小的篇幅讲述宇宙 138 亿年的演化历程，简明准确，生动有趣。

吴国盛

清华大学科学史系主任

《宇宙小史》的作者用生动的语言讲述了宇宙学的基本知识，介绍了自己的研究，还展望了宇宙学的发展前景，是人们认知宇宙的简明读本。一本小书，门槛不高，又具有延伸空间，值得一读。

朱进

北京天文馆研究员

宇宙之大，超乎想象；宇宙之奇，匪夷所思。

宇宙学大咖莱曼·佩奇所撰《宇宙小史》，以简洁优雅的文笔给出了睿智的论证、明晰的解释，引领我们深入宇宙学前沿领域，思考宇宙最简单的性质，探寻宇宙结构形成背后的原理和最有可能的神奇模式。

尹传红

中国科普作家协会副理事长／《科普时报》原总编辑

一张图包含宇宙的秘密。不，这不是太极图，而是宇宙微波背景的涨落分布图。根据《宇宙小史》一书中的一张图就能确定 6 个参数，从而预测任何宇宙学可观测量，如此统一、简洁和深刻，令人震撼与感动。

袁岚峰

中国科学技术大学副研究员／中国科学技术大学科技传播系副主任
中国科学院科学传播研究中心副主任／《科技袁人》节目主讲

这是一本简明好读的宇宙学小书，全书没出现一个公式，作者用我们身边的事物打比方、举例子，让我们一步一步认识宇宙，又能举重若轻地写明白前沿领域的发展，我特别喜欢。

冯仑

御风集团董事长／万通集团创始人

我们的征途是星辰大海，飞向太空从未像今天这样真实和真切。仰望星空，我们会发现人类还有那么多未知事物。《宇宙小史》就是每个人了解广袤宇宙的简单一小步。这是一本非常特别的小书，让每个人通过了解简明清晰的信息快速进阶，认知宇宙。

张昌武

蓝箭航天董事长兼 CEO

《宇宙小史》的作者是前沿领域的领军人物，书中既有对宇宙基本概念的介绍，也有对自己研究突破的描写，还分析了一些前沿发展趋势，由浅入深，引人入胜，是一本激发好奇心，把人引到宇宙学门口，又能让人欣赏个中奇观的好书。

陈楸帆

茅盾新人奖、中国科幻小说银河奖、
全球华语科幻星云奖、科幻奇幻翻译奖得主

宏大庞杂的 138 亿年宇宙史被作者以短短十几万字梳理得清清爽爽、明明白白，这种功力令我相当敬佩。

汪诘

职业科普作家／文津奖得主

我们所处的宇宙年龄有 138 亿年——为什么是 138 亿年？宇宙诞生于大爆炸——是怎么爆炸的？宇宙在膨胀——你是怎么知道的？宇宙由"看得见"的常规物质，以及"看不见"的暗物质和暗能量构成——你凭什么这么说？以上是每一个充满好奇心的人在阅读天文学和宇宙学读物时都会提出的问题。幸运的是，这些问题在这本书里都能找到你能听懂的答案。

吴宝俊

科普作家

宇宙是什么？从哪里来？要去往哪里？关于宇宙的终极三问，莱曼·佩奇教授如同侦探一般，以最古老的光线——宇宙微波背景为突破口，抽丝剥茧，层层探究，探寻 138 亿年的宇宙史。

剧透一下，佩奇教授的探案工具箱里没有数学公式，没有专业术语。还犹豫什么？加入佩奇教授的宇宙探案战队吧！

张明伟

中国科学报社副总编辑

宇宙学是一门科学——《宇宙小史》中译本序

上海交通大学讲席教授
科学史与科学文化研究院首任院长
江晓原

商务印书馆（上海）有限公司前总经理贺圣遂先生要是有机会看到我的这篇序，估计会大呼遗憾——最近几年，他一直极力鼓动我写一本《宇宙史》，让他出版。现在估计他会说："你看看，大好选题，被人家做了吧？"当然，聊以自慰的路径也不是没有：贺总鼓动我写的《宇宙史》包括了大量宇宙学之外的内容。

其实，想写《宇宙史》的人还不少。比如前几年法国人克里斯托弗·加尔法德就写了一本《极简宇宙史》，可惜那本书只是一碗放了一点点宇宙学作料的文学鸡汤，作为科普作品并不精彩。记得，我还在发表的书评中揶揄了它几句。

这本《宇宙小史》倒是一部不错的宇宙学普及作品。此书中译本最初也曾考虑过《极简宇宙史》这个书名（我收到的审读本封面上就是这样写的），但因为和上面说的法国文学鸡汤重名，出版社采纳我的建议，改成了《宇宙小史》。

作为科普作品，此书在风格上和意大利人卡洛·罗韦利的《七堂极简物理课》颇有异曲同工之处，也是尝试在简短的篇幅中，将一些基本原理和发现介绍给读者。

《宇宙小史》尽力让读者不需要天文学和物理学方面的前置知识，就能够整体了解目前主流的"大爆炸宇宙模型"的基本知识，这一点还是很成功的。

这本书正文只有五章，外加序言和四个附录。

第一章介绍了目前人类了解的关于宇宙的常识，如宇宙的尺度和年龄、宇宙的膨胀、宇宙是否无限等问题。

第二章探讨了宇宙的构成和演化，涉及物质、暗物质、宇宙学常数等问题，比第一章稍微抽象一点。

第三章专门讨论宇宙微波背景，是这本书中涉及相关技术细节最多的一章，但仍能够让没学过物理学的读者理解。

第四章从整体上讨论这本书所采用的"大爆炸宇宙模型"。

第五章讨论了中微子、引力波和其他一些属于宇宙学前沿领域研究的现状。

相较而言，这本书属于"老老实实做科普"的类型。在已经高度精简的篇幅中，没有文学性的废话，而是高度浓缩了关于"大爆炸宇宙模型"的主要知识。

由于此书"史"的色彩并不浓厚，我这里先帮助补充一点。

人类认识宇宙的历史，其实就是一部观测和建构的历史。

观测容易理解，就是望远镜越造越大，观测到的对象越来越多，可观测的距离越来越远。

建构则主要是构造数理模型，自从爱因斯坦于 1915 年提出广义相对论之后，建构宇宙的数理模型，主要表现为用各种各样的条件和假定来解算引力场方程。迄今为止，先后出现过的宇宙模型，实际上已经有很多种。

现代宇宙学的第一个宇宙模型，是 1917 年爱因斯坦自己通过解算引力场方程而建立的，通常被称为"爱因斯坦静态宇宙模型"。由于那时河外星系（银河系以外的星系——银河系只是星系之一）的退行尚未被发现，所以爱因斯坦的这个宇宙模型是一个"有物质，无运动"的静态宇宙模型。

同年，荷兰天文学家威廉·德西特也通过解算爱因斯坦的引力场方程得出了一个宇宙模型。这个模型也是静态的，但是允许宇宙中的物质运动，还提出了"德西特斥力"这个概念，可以用来解释后来发现的河外星系退行现象。

1922年，苏联数学家亚历山大·弗里德曼通过解算引力场方程，也建立了一个宇宙模型。和前面的静态宇宙模型不同，弗里德曼的宇宙模型是动态的，而且是一个膨胀的宇宙模型，实际上这已经是"大爆炸宇宙模型"的先声。"大爆炸宇宙模型"中的奇点问题（膨胀始于物质密度无穷大时）在弗里德曼的模型中也已经出现，成为此后长期存在的难题。

1927年，比利时天文学家乔治·勒梅特在弗里德曼宇宙模型的基础上提出了另一个稍有不同的宇宙模型。通常人们将这类模型中"宇宙常数"不为零的情形称为"勒梅特模型"，而将"宇宙常数"为零的情形称为"弗里德曼模型"。

1929年，埃德温·哈勃提出了著名的"哈勃定律"：河外星系退行速度与和我们的距离成正比。这等于宣告各种膨胀宇宙模型获得了观测证据。此后，弗里德曼一派的宇宙模型逐渐占据上风，直至"大爆炸宇宙模型"在"三大验证"（哈勃红移——河外星系退行、氦丰度、3K背景辐射）的支持下成为主流宇宙理论。

不过，由于任何宇宙模型都无法避免明显的建构性质，因此，即使"大爆炸宇宙模型"占据主流，也并不意味着其他宇宙模型彻底死亡。

除了前面提到的早期静态宇宙模型，还有1948年提出的无演化的"稳恒态宇宙模型"（认为宇宙不仅空间均匀各向同性，而且时间上也稳定不变）、将宇宙中的物质看成压力为零的介质的"尘埃宇宙模型"，甚至还可以包括缺乏精确数学描述和理论预言的"等级式宇宙模型"等。目前，这些模型在结构的合理性、对已有观测事实的解释能力等方面，都逊于"大爆炸宇宙模型"，所以未能获得主流地位。

不过，我感觉有必要在这里提醒读者，通常各种宇宙学图书中对"大爆炸宇宙模型"的描述，都不应该被简单视为客观事实或"科学事实"。我们必须明确意识到：所有这些描述都只是一种人为建构的关于我们外部世界的"图景"而已。

而且，由于宇宙学这门学科的特殊性质，哲学上关于外部世界的真实性问题，在宇宙学理论中特别突出、特别重要。

波普尔关于"证伪"的学说流传甚广，他认为那些无法被证伪的学说（比如"明天可能下雨，也可能不下"这样的理论），无论是否正确，都没有资格被称为科学理论。由于这个说法广为人知，结果在公众中形成了一个误解：以为当今大家公认的科学理论，都必然是具有"可证伪性"的。而事实并非如此。

事实上，在今天的科学殿堂中，就有不少并不真正具有"可证伪性"的学问，正端坐在崇高的位置上。换句话说，具有"可证伪性"并不总是进入科学殿堂的必要条件。宇宙学就是一门这样的学问。

按照今天科学殿堂的入选规则，宇宙学当然毫无疑问拥有

"科学"资格，但是由于迄今为止的一切宇宙模型，都具有明显的建构性质，"大爆炸宇宙模型"也不例外，所以除了"三大验证"所涉及的有限的观测事实之外，关于宇宙模型的许多问题，都还远远没有得到证实。

更为重要的是，从"证伪主义"的角度来看，宇宙学中的许多论断（其实是假说）从根本上排除了被证伪的一切可能性。

例如，常见的"大爆炸宇宙模型"所建构的宇宙从诞生开始演化的"大事年表"（这本书的附录 C 就是这种年表），其中开头几项，经常以"宇宙的最初三分钟"之类的名称，在一些科普著作中被津津乐道。但是只要对照波普尔的"证伪"学说，想一想"宇宙的最初三分钟"能被证伪吗？我们能回到最初三分钟的宇宙吗？我们便会发现，即使有幻想中的时间机器，让我们得以"穿越"到最初三分钟的宇宙，也只能是自寻死路，因为在那样高能量、高密度的环境中不可能有任何生物生存。

又如，即使是"三大验证"，本身是观测事实，但对这些事实的解释也存在许多问题，比如宇宙微波背景，在"大爆炸宇宙模型"中被认为是大爆炸留下的痕迹。可是，既然我们不可能回到最初三分钟的宇宙，这一点又如何证伪或证实呢？

类似的例子还可以举出更多。

因此，我们必须注意到：宇宙学为我们描绘的宇宙图景，是一种即使在现有科学的最大展望中，也无法验证的图景。

即便如此，我仍然同意这样一个说法——宇宙学是一门科学。

一本小书，道尽宇宙时空结构的演化

北京大学物理学院教授
王正行

对于宇宙的思考，可以追溯到人类文明的早期：华夏有阴阳五行、天人合一，古印度有释迦牟尼大千世界，古希腊有亚里士多德的《论天》，还有《圣经》里的《创世记》。伽利略和牛顿确立了必须用观测与实验来检验对自然的逻辑思考，于是近代科学诞生，迄今才三百多年。理论与实验的结合，李政道先生归纳为物理学家两定律：没有实验物理学家，理论物理学家就会漂浮不定；没有理论物理学家，实验物理学家就会犹豫不决。理论必须和实验观测相结合，这是近代科学的核心理念。

在这个原则引领下，近代科学在 20 世纪初叶出现了两次重大变革：一次是从牛顿绝对时空观到相对论时空观的转变；一次是从拉普拉斯决定论因果观到量子力学统计性因果观的转变。这两大变革的发展都一直延续至今，并且体现在近代宇宙论的发展之中，涉及宇宙时空结构的演化和宇宙诞生发展的推动两个方面。由于广义相对论的观测效应极其精细，二战之后电子技术的飞速发展，才使近代宇宙论进入高速发展期，成为 20 世纪下半叶以来最受瞩目的一门新兴基础学科，出现了许多面向一般读者的普及读物。

美国普林斯顿大学莱曼·佩奇教授的这本《宇宙小史》着重分析了宇宙时空结构的演化，这就涉及时空观念的转变和物质观念的发展。牛顿时空观把空间想象为一个空无所有、固定不变的真空容器，用来装载各种物质器物，而把时间当作这些器物在此真空容器中演绎变化的历程。这是根基于我们日常生活经验的一种直觉的观念，很容易为一般读者所接受。狭义相对论根据光速不变的假设，推导出"同时"具有相对性——在车上看是同时发生的两件事，在地上看并不同时。这与我们的日常生活经验不同，在当时的欧洲民众中就引起轰动，使爱因斯坦成了妇孺皆知的人物。而广义相对论进一步根据惯性质量与引力质量相等的假设，推导出时空与物质有关，随物质的分布与运动而改变，这就更进一步颠覆了我们的日常生活经验，很难为大众所接受。凭什么是这样的？请拿出证据来！佩奇的这本书着重分析的，就是宇宙时空结构如何演变的观测证据，以及这些证据所表明的宇宙物质形态与结构的情形——时空与物质是互为因果的。

这本书的正文有五章，还有四个附录。第一章介绍了宇宙的尺寸、膨胀、年龄等常识，第二章介绍了宇宙微波背景、物质、暗物质和宇宙学常数，以及宇宙结构的形成和演化过程。第三章专门分析宇宙微波背景，这是对宇宙观测的一个主要方面。第四章分析了现在理论上的标准宇宙模型。第五章探讨了当今宇宙学研究的几个前沿领域，这里面最有意思，也最不清楚的是作为宇宙结构最大成分的宇宙学常数。

狭义相对论假设空间与时间并不独立无关，三维空间与一维时间互相关联构成四维时空。广义相对论进一步假设四维时空并不平直，而是弯曲的，弯曲的程度取决于物质的时空分布和运动：时空弯曲的几何，联系于物质的分布和运动。写成方程，就是几何的数学量联系于物质的物理量。爱因斯坦说：当数学规则与实际联系时，它们就不确定；而当它们确定时，就与实际无关。这里说的实际，也就是物理。换句话说，一旦涉及物理，就会出现不确定，从这种不确定中会产生新的物理。当时知道的物理是万有引力，所以把这个方程叫作爱因斯坦引力场方程。近代宇宙论分析的就是这里面的物理。

最初的物理，只想到万有引力来自物质的质量，以为这是决定时空弯曲和宇宙结构的主要成分。而只有引力的体系不可能静止，为使宇宙静止和稳定，还要引入新的物理，所以爱因斯坦在方程中又加了只与时空有关的一项，叫作宇宙项，比例常数就叫宇宙学常数。当时，人们觉得这一项的作用很小，甚至可以近似略去。但是随着实际观测的进行，发现由原子、分子构成的可见物质引起的作用很小，只占大约 5%，还必须有大约 25% 看不见的"暗物质"，而其余大约 70% 是宇宙学常数项的贡献，又叫作"暗能量"。当初爱因斯坦都想略去的这个宇宙学常数，竟然成了支配整个宇宙的主要成分。此外，为改善微波通信而于 1965 年偶然被发现的宇宙微波背景，虽然所占份额很小，但却是观测早期宇宙及其结构分布的重要手段。这就是佩奇这本书中说的现代宇宙学关注的宇宙微波背景、物质、暗物质和宇宙学常数四大部分。爱因斯坦还说过：逻辑上简单的东西，当然不一定就是物理上真实的东西；但是物理上真实的东西，一定是逻辑上简单的东西。这就涉及广义相对论的逻辑与数学结构，超出了一本普及读物的范围。

佩奇的这本书，基本上不用数学公式，尽量避免使用专业术语，使用了许多浅显和接近日常生活的比喻，语言十分生动活泼。但是正如他所说的，还是对读者的知识水平和兴趣程度做出了更高的预期，读者如果有一定的知识水平，并且对他的讲解有很大兴趣，就可以从他的叙述与解说中获得更多知识。当然，正像他在第五章最后的小结中说的，对于那些凝望深空的人来说，发现了新事物，产生了新想法，就是最好的兴奋剂。开卷有益，只要认真地看，就会有所收获。

关于宇宙，答案永远在前方

中国科学院国家天文台研究员

苟利军

宇宙一直令人兴奋和充满遐想。当人类开始在这个星球上直立行走，思索这个世界的那一刻，就对头顶的苍穹充满了好奇。除了给我们提供温暖和能量的太阳之外，深沉的夜空中竟然点缀着那么多亮晶晶的天体，还有让我们寄托思念的月亮。

当文字出现、文明开启的时候，不同种族的人用诗篇叙述对星空的好奇。两千多年前中国伟大诗人屈原就在《天问》中写道："遂古之初，谁传道之？ 上下未形，何由考之？ 冥昭瞢暗，谁能极之？ 冯翼惟象，何以识之？"他在追问宇宙的产生和运行规律。同时代的古希腊哲人也在思考同样的问题，他们甚至提出了举世闻名的地心说，创建了复杂的模型。当然，中国的哲人也不甘落后，提出了自己对于这个宇宙的看法，如盖天说、浑天说等。无论是复杂的地心说，还是相对简单的盖天说等，都认为地球位于宇宙的中心，这是因为当时人类都凭借双眼认识宇宙。

无论是古时的人类，还是现代的人类，在同样的环境之下，眼睛所能够看到的星空都极为有限，没有太大变化。然而，就在1609 年的那个秋天，意大利天文学家伽利略得知荷兰的一个工匠制造了一个神奇的工具，能够利用透镜将远处的物体拉近并且放大。他非常兴奋，之后很快打听到那个工具的工作原理，并且制作了自己的望远镜。后来，当他将这个望远镜偶然指向天空的那一刻，人类认识宇宙的方式完全改变了，这奠定了他在整个科学发展历史上的地位，他因此被称为现代科学之父。伽利略当时使用的望远镜口径为 3.2 厘米。就是利用这个小小口径的望远镜，他看到了完全不一样的世界，看到了月球表面的环形山，发现了木星的卫星，看到了土星的"大耳朵"光环等——太多之前从来没人看过的东西。他所发现的这一切，让很多人着迷，于是，更大的望远镜被制造出来，更多更暗、更有趣的天体被发现，人类对于宇宙的认知一次次被刷新。

尽管如此，但在接下来的300多年时间里，人类对于一个问题一直没有找到确定答案，那就是宇宙到底有多大。1920年，美国华盛顿特区的史密森尼国家自然历史博物馆举行了一场被后人称为"世纪大辩论"的辩论赛。两位赫赫有名的天文学家哈洛·沙普利和希伯·柯蒂斯针对宇宙有多大这一问题进行了一整天的陈述辩论。沙普利当时是哈佛大学天文台台长，柯蒂斯是匹茨堡大学亚利加尼天文台台长。沙普利认为银河系就是整个宇宙，而柯蒂斯认为银河系之外还存在类似银河系的系统，后者就是宇宙岛理论。很遗憾的是，尽管当时最大口径的2.5米的胡克望远镜已经建成（1917年建成），但一直等到几年之后，美国天文学家哈勃利用这台望远镜在1924年确认仙女座星云原来是一个位于银河系之外的星系，关于银河系大小的争论才尘埃落定。宇宙原来如此浩瀚。人类探索现代宇宙的征程就此开始。

在哈勃发现第一个河外星系之后的第五年，1929年，哈勃的另外一个发现更让世人称奇，且十分瞩目，那就是越远的星系离开地球的速度竟然越快，这就是我们现在熟悉的哈勃定律。不过在哈勃从观测角度发现这一现象的前两年，一位擅长广义相对论的比利时牧师已经通过理论方式预测了这个关系，他就是物理学家乔治·勒梅特。勒梅特甚至基于他的这个发现提出了现在大家熟悉的大爆炸理论。当然，哈勃的观测为大爆炸理论提供了观测基础。不过在接下来很长一段时间内，因为缺乏更多的观测证据，大爆炸理论还是受到一些科学家的冷嘲热讽，没有被大众接受。

大爆炸理论预言宇宙早期的辐射冷却到现在应该会在微波波段产生一种辐射，它应该充满天空的各个方向，而且是均匀的。一直到 1965 年，又是一个非常偶然的事件，美国贝尔实验室的两位工程师在检查通信信号的时候，发觉背景中总有一些无法消除的噪声。最后，他们发现，这就是物理学家和天文学家苦苦追寻的宇宙微波背景，即宇宙大爆炸的遗迹。这是一个偶然而重要的发现，它也成为大爆炸理论最重要的一个观测证据。至此，屈原寻求的宇宙起源问题的答案终于被找到。之后，为了精确测量宇宙微波背景，人类发射了一系列卫星，从最初的 COBE（宇宙背景探测器），到后来的 WMAP（威尔金森微波各向异性探测器），再到普朗克卫星。正是这些卫星，以及其他一些望远镜的帮助，我们对于宇宙的组成和宇宙的演化才有了很好的理解。

自哈勃发现第一个河外星系起，在将近 100 年的时间里，我们对于宇宙的认识已经发生翻天覆地的变化。我们了解的宇宙组成，从原来组成整个宇宙的重子物质，到后来的暗物质，再到现在大家熟知的暗能量，后两者占到整个宇宙构成的 95% 之多。当然，我们对于整个宇宙的演化和结构形成了很好的理解，宇宙年龄可以达到非常精确的程度。宇宙的几何结构等问题都可以从宇宙微波背景的数据中找到线索。这本《宇宙小史》就是对我们关于宇宙的认识的一个回顾，用非常通俗易懂的文字介绍了人们一直苦苦寻觅的答案。除了介绍基本的宇宙学常识之外，这本书还向我们介绍了宇宙学的前沿领域，让我们对于宇宙的发展也有了了解。这本书的作者是 WMAP 小组成员之一莱曼·佩奇教授，他是宇宙学领域的权威。

古人说："四方上下曰宇，往古来今曰宙。"在这本小书中，我们几乎可以了解一切关于宇宙的知识，希望大家能够从这本书中找到自己的宇宙。

人类对宇宙的认识还在路上

中国科学技术大学
物理学院天文学系教授
袁业飞

爱因斯坦说，宇宙最不可理解的是，它是可以理解的。目前，我们对 138 亿年前整个宇宙的时空性质、物质组成，以及它们的演化状态的了解已精确到百分之一。这比我们对地球内部物理性质的了解要精确得多。正因如此，大多数天文学家认为，当前宇宙学的研究已进入精确宇宙学时代。与宇宙的年龄相比，人类的历史非常短暂，人类早期对宇宙的认识还停留在哲学思辨，甚至玄学阶段。我们是怎么精确知道宇宙的早期状态及其演化历史的呢？或者说，宇宙学是在什么时候，在什么条件下成为一门成熟的科学的呢？

从时间和空间跨度上来看，宇宙对人类来说遥不可及。人类科学地认识宇宙主要基于如下两个基本假设。一是物质存在形式的普适性，也就是说，无论在地球上，还是在宇宙深处，只要物理条件相同，物质的存在形式就应该是相同的。二是物理规律的普适性。同样，人类在地球上发现的物理规律，在宇宙任何地方，只要物理条件相同，就应该适用（当然，我们也要小心，受制于地球的体积，可能目前发现的物理规律只是近似成立）。为了研究宇宙的演化，我们需要哪些物理理论？答案是量子论和相对论。量子论和相对论是现代物理学大厦的两块基石。1900 年，普朗克推导出黑体辐射公式，并提出了光子的概念。因此，1900 年被称为量子元年。现在我们知道，像光子、电子、原子、分子、夸克等微观粒子都遵循量子论。1905 年，爱因斯坦在前人的基础上提出了狭义相对论，统一了时间和空间，称之为时空。1916 年，爱因斯坦提出广义相对论，统一了时空和物质。根据广义相对论，物质存在于时空，因此，时空性质决定物质的运动，反过来，物质的存在和运动会决定时空性质，即弯曲程度。广义相对论创立之后，1917 年，爱因斯坦立即用他提出的引力场方程研究宇宙时空的演化，这标志着现代宇宙学的诞生。宇宙是由时空和物质组成的，研究宇宙的历史，就是要同时研究宇宙中时空和物质如何相互作用，以及由该相互作用导致的时空和物质的演化。因此，只有广义相对论，才能胜任这项工作。按道理来说，宇宙学研究的是像星系这样宇观尺度上的物质，为什么需要量子论这种微观粒子遵循的理论呢？这是因为 1929 年哈勃等人发现宇宙在不断膨胀。反推过去，宇宙早期应该存在高温高密的状态，所有的物质都被打碎成夸克，甚至更基本的微观粒子。也就是说，宇宙早期是由大量微观粒子组成的宇观系统。在宇宙早期，宇观和微观很神奇地走向统一。根据量子论，我们可以计算出宇宙早期的物质涨落，虽然它们非常微小，但是它们随着宇宙的演化，不断放大、增长，导致星系的形成，并最终导致人类的诞生。

现在我们已经建立以宇宙大爆炸为核心的宇宙学标准模型。该模型的建立主要基于如下几个重要的天文观测结果。一是 1929 年哈勃发现星系正在退行（最重要的观测结果）：遥远的星系都离我们而去，而且离我们越远，退行速度越快。哈勃定律为我们描绘了宇宙正不断膨胀的图像。二是彭齐亚斯和威尔逊在 1965 年发现了宇宙微波背景。我们对宇宙 138 亿年前状态的了解主要来自宇宙微波背景。简单来说，宇宙微波背景是宇宙 138 亿年前留下来的"化石"。它基本保留了宇宙 138 亿年前的状态，宇宙微波背景光子经过长途跋涉，沿途受到少量我们可以认识并可以忽略的各种影响，最终被我们在地面和空间的射电望远镜侦测到。三是 1998 年天文学家通过将 Ia 型超新星作为宇宙的"标准烛光"，发现目前宇宙在加速膨胀，该结果强烈暗示宇宙中存在暗能量。

上面这些内容就是这本《宇宙小史》的主题：宇宙学最基本的问题就是要弄清楚宇宙的时空性质、物质组分及其演化。要彻底研究清楚这些问题，至少要求研究者熟悉以广义相对论和量子论为核心的现代物理与天文学知识。我很高兴地发现，这本书的作者以通俗的语言，通过大量类比，专业、准确地解释了人类是如何通过天文观测和物理推论认识宇宙中的各种物质组成（辐射、普通核物质、暗物质和暗能量）、时空性质及其演化的。正如作者在最后一章讨论的，人类对宇宙的认识还没结束。暗物质和暗能量（宇宙学常数）的物理本质是什么？宇宙早期通过量子涨落产生的原初引力波能否被观测到？广义相对论在宇宙大尺度中是否正确？这些问题都是物理学和天文学交叉领域的前沿研究课题，目前还没有确定的答案。希望年轻的读者能通过这本书了解宇宙的演化历史，树立正确的科学观和宇宙观，甚至加入专业研究者队伍，共同探索宇宙的奥秘。在此，我用 2009 年国际天文年的口号勉励大家——我们的宇宙，我们探索。

你知道宇宙的形状吗？

这是一份最好的介绍

香港科技大学物理系副教授

王一

现代社会的万家灯火，让我们仰望星空的机会越来越少。但你是否仍然对星空抱有好奇心？要满足这份好奇心，其实，我们可以用头脑想象星空。不妨把想象的范围再扩大一点，想象整个宇宙。心怀宇宙，你能提出哪些问题？

比如宇宙有多大？宇宙有多古老？宇宙的婴儿时期是什么样子的？宇宙由什么成分组成？其实，由我们熟悉的原子组成的物质只占宇宙成分的约 5%。对于其余的暗物质和暗能量，我们还不知道它们具体是什么。既然不知道，我们如何推断它们存在呢？研究宇宙的手段有哪些？现在，宇宙学家都在做哪些研究？

《宇宙小史》用生动形象的语言，为我们把这些问题一一解释清楚。在解答这些问题时，作者特别擅长使用比喻。比如把宇宙比作一大桶巧克力碎屑冰激凌，把宇宙中的第一束光比作冬天没人玩的沙滩球，把"微波背景各向异性功率谱"这种晦涩的概念比作谱写在宇宙中的乐章。这些比喻精妙、贴切，又让人莞尔，把宇宙学原理和我们的日常生活联系起来，让我们可以"秒懂"那些晦涩抽象的宇宙学知识。作者也特别擅长把宇宙中巨大的数字形象化。宇宙中的数字可真是天文数字，我们对这些数字缺乏直观感受，作者却用像"一辆车的总里程"这样的表述，帮我们一步步建立想象宇宙之大的阶梯。看完这本书，我极为惊讶——作者是怎么把这么丰富、精彩、深入浅出的内容塞到这样一本 200 多页的小书里面的？

这本书的作者莱曼·佩奇是普林斯顿大学讲席教授，是当代著名宇宙学家，也是美国科学院院士，获得过邵逸夫奖、基础物理学突破奖等极高的荣誉。可以先睹为快，我深感荣幸，也借此机会把我的阅读感受分享给大家。

佩奇是世界上研究宇宙微波背景最顶尖的专家之一。宇宙微波背景这个词看起来有点吓人，但它是过去几十年，人类认识宇宙最重要的手段。宇宙微波背景是宇宙中最早出现的、最古老的光线。它穿过几乎整个138亿年的宇宙历史，从宇宙的婴儿时代一路走来，带给我们关于早期宇宙第一手信息。

在宇宙微波背景里面，从宇宙起源到宇宙命运，我们能读出的信息太多了，这本书也对它们做了一一介绍。我举一个例子，你想过宇宙是什么形状的吗？

这里的形状，不是说，宇宙有个边界，像个橘子或者像个梨，而是说，即使宇宙没有边界，宇宙的内在几何，也可以把空间弯曲成不同形状。想象一下，假如一只二维扁虫生活在平面、球面和马鞍面上。它如果足够聪明，就可以通过尺子来测算角度，然后测量它的世界中的三角形的内角和分辨自己所在的世界是平面、球面，还是马鞍面，也就是扁虫世界的形状。而宇宙微波背景为我们提供了宇宙中最大的一把尺子，让我们可以测量宇宙的形状。为什么宇宙微波背景可以被当作一把尺子呢？宇宙的形状又是怎么被测量的？我就不剧透了，大家能在这本书中找到答案。

虽然宇宙微波背景对宇宙学如此重要，但详细介绍其最新进展的科普书并不多。佩奇教授的新书着重介绍了宇宙微波背景，这是本书的一大特点，也是他为科普迷们献上的一道大餐。

我从事宇宙学研究已经15年了，但还是在这本书里学到了不少宇宙学知识。比如，宇宙中有大约1000亿个星系，这是怎么估算出来的？作者用所有人都能懂的科普语言将很多知识展示给大家，其学术水平和科普功力着实令人惊叹。我强烈推荐大家阅读这本书。读完以后，对于很多宇宙学知识，大家肯定比一个星期以前的我理解得还好。

永远怀着好奇心仰望星空

《天文爱好者》杂志社社长

卢瑜

人类自开始抬头仰望苍穹，观察白天的太阳，晚上的月亮和点点繁星，在惊叹于自然的无穷与深邃之余，很自然地会进一步思考和探索：这些星体是从哪儿来的？它们都是由什么构成的？它们有多大，距离我们有多远？它们是运动的，还是静止的？未来，它们会保持不变吗？……

　　事实上，人类对星空的分析和研究，从很早就开始了，并且已经思考宇宙图景这样的本源问题。在战国时期，中国古人就已经产生一种宇宙观，认为"天圆地方"，而后进一步发展为"天象盖笠，地法覆盘"，将天地之间的关系理解为弧形的天壳扣在平坦的大地上，这就是所谓的"盖天说"。到了汉代，张衡在其著作中提出，"浑天如鸡子……地如鸡中黄"，将天地之间的关系类比为鸡蛋壳包裹着蛋黄的关系，这就是所谓的"浑天说"。当然，还有类似的"宣夜说"，认为宇宙是充满"气"的虚空，众多繁星飘浮其中，天地之间是无限的。凡此种种，不一而足。

　　在地球上的其他地方，面对天空，人们也在进行同样的观测和研究。公元前 3 世纪，古希腊的阿利斯塔克就认为，地球和行星都在绕太阳做圆周运动，这就是早期的日心地动说。后来的托勒密撰写了《天文学大成》一书，并论证了自己的地心体系。1543 年，哥白尼出版了《天体运行论》，树立了"日心说"的旗帜。1576 年，第谷在汶岛开始了自己长达 20 年的观测，于是人类首次成规模、精确地获得了大量的天体运行数据。1584 年，布鲁诺出版了《论无限、宇宙和诸世界》一书，并因其支持哥白尼的观点而惨遭火刑。1609 年，伽利略首次用望远镜对准夜空，人们感觉眼前清晰了起来。随后，开普勒在获得了第谷的观测数据之后，先后提出了行星运动三大定律。伽利略著名的《关于托勒密和哥白尼两大世界体系的对话》也随之出版。1666 年，牛顿开始研究万有引力，并在 1687 年出版了巨著《自然哲学的数学原理》……在这些观测、争论和反复的验证之中，近代的天文学理论雏形初现。

很显然，人类对于宇宙起源、演化、所处状态、去向何方等终极问题的思考，从古至今，贯穿人类社会发展的每个阶段。很有意思的是，无论年龄、性别、日常的工作是什么，对于这些问题，每个人都有自己的思考，有自己的观点和看法。时至今日，随着近代科学技术的不断发展，人类对于宇宙有了更为深入和客观的认识，并且不断得到验证。科学家对于我们所处这个宇宙的一些基本问题已经有了足够的认知，如宇宙的组成、几何结构、演化过程，以及一些基本定律等。在《宇宙小史》这本书中，作者把宇宙学的最新发现和物理学基础概念相结合，以相对平实的语言，介绍了宇宙的起源、构成、演化等问题，展现了宇宙的基本结构模型，以及宇宙学前沿领域的一些问题。书中图文结合，译者的表述专业且准确，可读性非常高。

这本书的作者莱曼·佩奇是普林斯顿大学物理学教授，是观测宇宙学方面的专家。佩奇教授和他的学生、合作者一起，对宇宙微波背景的空间、温度变化进行了精确测量。正如这本书中提到的，宇宙微波背景遍及宇宙，它是宇宙大爆炸的余晖；对这些余晖温度波动的大小和模式进行精确测定与研究，有助于我们理解宇宙是如何演化的，以及在可观测的尺度范围，星系和星系团的结构是如何形成的。通过对宇宙微波背景的精确测量，人们还可以推导出许多宇宙参数和早期宇宙的物理性质。

在宇宙学的研究中，我们能够确定宇宙的几何形状和年龄、重子物质的密度、暗物质的密度，以及哈勃常数的百分比精度。现代观测技术和理论高度发展，我们可以探知宇宙初期的诸多物理细节，这无疑是让人激动且兴奋的事情。大家一起仰望星空，翻开这本书，跟随作者的视角，感受和畅想这个最为宏大的宇宙吧。

你的第一本宇宙学入门小书

日本神户大学博士后、科普博主

周思益（弦论世界）

尼马·阿尔卡尼-哈米德说，宇宙学就是历史学。那么宇宙学研究的重要方向之一，就是搞清楚我们的宇宙是如何诞生、如何演化的。这部《宇宙小史》就是一本讲述宇宙演化历史的小书，也是科学爱好者和小朋友学习宇宙学知识的入门书。

这本书先讲述了宇宙学的基础知识，比如，我们的宇宙有多大？宇宙是如何演化的？宇宙的年龄是多少？宇宙是不是无限的？这些都是刚接触宇宙学的朋友经常会问的问题。紧接着，这本书分析了宇宙是由什么组成的，对于普通物质、暗物质和暗能量分别进行了详细介绍。不仅如此，它还从观测上，比如宇宙微波背景的角度讲解了为什么我们知道宇宙是由普通物质、暗物质和暗能量组成的，以及每种成分的百分比。这本书着重介绍了宇宙微波背景，这也是我最感兴趣的研究领域之一。令我吃惊的是，作者把这种高深的研究领域讲解得如此通俗易懂，并且令人印象深刻。

> 宇宙微波背景其实很像幼年宇宙的化石，不过它不是某种有形的东西，而是来自远古的光线。就像恐龙的足印一样，对于了解宇宙当前的状态来说，它并不重要，但对于了解宇宙如何演化成当今的模样来说，它至关重要。

简单几句话就把宇宙微波背景是什么及其用途，都讲明白了。这本书还介绍了宇宙学的标准模型，这是人类目前对于宇宙的认知所达到的程度。因为宇宙学仍然是一个迅猛发展的研究领域，这本书最后介绍了宇宙学的研究进展，如中微子、引力波、大尺度结构的形成等。这些都是科研人员目前正在研究的领域。

这本书的一大特色是通俗易懂，基本上不怎么使用公式，甚至极少使用数字。即使使用数字，也是尽量让人很直观地感受这个数字有多大。比如：

地球和月球大约形成于大爆炸后 93 亿年，也就是距今 45 亿年前，此时标度因子为 0.71。恐龙横行地球的时期大约为 1 亿年前，此时标度因子为 0.993。

虽然在我读书的时候老师也讲授了标度因子，即 a(t) [现在的宇宙，a(t)=1]，但是老师从来没有讲过在 a(t)=0.71 的时候宇宙发生了什么，在 a(t)=0.993 的时候宇宙发生了什么。读了这本书，宇宙的历史好像电影画面一样历历在目。

再比如，这本书在讲述地月距离的时候提出，这一距离大约是 25 万英里，大约相当于一辆车从出厂到报废所行驶的里程。其实，当读到 25 万英里这个数字时，我对这个距离到底有多长，并没有直观感受。但是，当我读到一辆车从出厂到报废所行驶的里程时，我的眼前立即浮现陪伴我长大的爸爸的那辆车，对地月距离到底有多远有了直观感受。

我向大家推荐这本小而美的宇宙学图书，希望它能陪伴你开启宇宙学学习之旅。

序言

　　本书主要对现代宇宙学——在空间、能量、时间等方面进行最大尺度的研究——的简明介绍。我希望这些文字可以将宇宙学中人类已知的、比较重要的几个方面的知识传递给大家，包括宇宙的组成、几何结构、演化过程、描述宇宙的物理定律，也会介绍一下我们挖掘这些知识的具体过程。宇宙学已经成为一门较为成熟的学科，其中也掺杂了很多听上去相当疯狂的理论和推测，而这些让人眼花缭乱的内容很容易遮掩宇宙学最为神奇的一面：我们可以在最大尺度上了解整个宇宙，通过某些探测手段，其精度可以达到百分比的水平[1]。

　　我们将会看到，最大尺度上的宇宙和最早期的宇宙其实相当简单，只凭几个参数就可以轻松描绘出其主要特征。跟其他东西，比如具有大气、海洋、漂移大陆、磁场等物理属性的无比复杂的地球相比，前者要简单得多，列出几个主要属性即可看清它的面貌。本书不仅会向大家展示人类目前所掌握的观测、

1　　百分比的水平，即精确至小数点后两位。——译者注

度量结果，还会通过各种物理解释向大家说明这些结果如何彼此交织在一起，形成一幅统一的宇宙图景。事实上，宇宙图景有很多可能性，我为大家展示的只是其中一幅，只不过这幅图景能够以最少的假设来阐释人类所掌握的数据。之后的观测会向世人揭露真相，看看这幅图景到底正确与否。

人类对宇宙的了解可以用我们所说的标准宇宙模型来概括，这个模型和观测结果吻合得极好。它可以对未来做出预测，具有可验证性，而且如果有必要，它也可以被轻易修改，增添内容。抛开其他内容不谈，这个模型指出了宇宙的构成：大约 5% 的原子物质，我们的身体就是由这些物质构成的；大约 25% 的"暗物质"；还有大约 70% 的"暗能量"。根据爱因斯坦的引力理论，标准模型阐明了宇宙如何从太初时期演化至今。换句话说，我们从广义相对论中提取出一套认知空间的方式，并把它作为描述宇宙组分——辐射、原子、暗物质、暗能量——如何汇聚在一起形成当今宇宙的理论基石。总之，尽管有一个非常出色的宇宙模型，但从根本上来讲，我们仍旧不清楚它的主要构成到底是什么。宇宙学当中存在很多激动人心、悬而未决的问题，等待全世界的科学家去探究、分析。在本书的末尾，我会将其中某些问题分享给大家。

本书将遵循我对宇宙学的学习路径，主要以宇宙微波背景（Cosmic Microwave Background，缩写为 CMB，是宇宙诞生时遗留下来的一种微弱热辐射，又称背景辐射）的测量为线索来理解宇宙。支持这种诠释的证据是压倒性的。尽管 CMB 和太阳的热辐射，或者说电炉的热辐射类似，但它的温度其实非常低，只有 2.725 K [1]，仅比绝对零度高 2.725 ℃，似乎暗示着它古老的起源。不过，CMB 不只包含温度，它的存在还有很多其他意义。没错，我们从 CMB 得到的大部分信息都来自天空中不同位置的温度变化。比如，无论是在南天极，还是在北天极，CMB 在温度上的差异都非常小（任选两个方向做比较）。由于 CMB 可以被精确地测量，我们对它的理解成为宇宙模型的基础。不过在深入研究 CMB 的各种特性和人类能从中获得哪些信息之前，我们首先得介绍一些基本概念，看看如何从整体认知宇宙。

在第一章中，主要任务就是打好基础，了解宇宙的一些基本概念，主要线索为两项观测结果：光速恒定有限，宇宙正在膨胀。这两项事实彼此啮合，为接下来的章节搭起了框架。在第二章中，将回顾宇宙的组成，不过并不是事无巨细地全面分析，而是把重点放在宇宙史每个时期起主导作用的重要组分，这些东西可以告诉我们宇宙如何演化。我们还会讨论宇宙的组分如何共同作用，形成恒星、星系、星系团这些在宇宙学中被称为"结构"的东西。这些结构形成的整个过程起源于宇宙大爆炸，最终催化了地球的诞生，人类得以登上历史舞台。在第三章中，将阐释插图 1 中宇宙微波背景的细微温度差异。弄懂这张图后，便可以理解和宇宙相关的大量信息。在第四章中，

1　宇宙微波背景通常还被称为"3 K背景辐射"，因为 2.725 K 约等于 3 K。在开尔文温标当中，比绝对零度高几摄氏度，我们就说这个温度是几开尔文。也就是说，比绝对零度高 1 ℃的温度就是 1 K。开尔文温标中没有 " ° " 记号。温度的变化在两种温标之间也是相同的，比如改变 0.01 ℃就等于改变 0.01 K。下文中，我们主要采用开尔文温标，其中绝对零度为 –273.14 ℃，水在 0 ℃或 273.14 K 时冻结，在 100 ℃或 373.14 K 时沸腾。太阳的温度大约为 5500 ℃或 5773 K，下文中，我们通常采用它的近似值，即 6000 K。

我们会把之前的内容拼凑起来，引入标准宇宙模型。虽然该模型拥有出色的预测能力，但宇宙中仍旧充满很多未解之谜。最后，在第五章中，我将从理论研究和实验研究两方面分别为大家介绍一些宇宙学的前沿。

宇宙学是一片充满活力、令人神往的领域。无论是实验前沿，还是理论前沿，科学家们都在苦苦探寻更加深入的知识成果。对于像我这样的宇宙观测者来说，宇宙微波背景正持续提供各种新的洞察和理解。与此同时，源源不断的观测实验或许可以帮助我们从新的视角看待标准模型中那些要素，甚至有可能帮助我们获取新的科学发现。

在开始正文之前，请允许我先对本书的难度做一个简要说明。想要把最新的科学进展呈现给读者，最大的挑战之一就是要找到一个恰当的读者水准。尽管出于科学的专门性，我对很多术语和概念都做了相应的解释，但是在整本书中，我还是对读者的背景知识和兴趣程度做出了某种假设。因此，对某些特定话题，我准备了四个附录，以便有需求的读者能够获取更详尽的信息。比如，我在创作时已经假定读者知道光是一种携带能量的、具有特定波长的电磁波，不过在附录 A 中，我还是为那些想要进一步了解相关领域的读者提供了关于各种辐射[1]以及相应波长的简明科普。此外，我还假定大多数读者知道光速的有限性，其数值为大自然的一个基本常数。不过，无论身处宇宙何处，无论运动速度有多快，你都

---

1   本书视"光"和"辐射"为同义词。

会发现真空中的光速一直是 186000 英里 ^{1}/ 秒，这是爱因斯坦狭义相对论的基本前提之一，掌握此知识点的人要比刚才的人少一些。为使本书简洁明了，我不会过多深入讨论和相对论有关的知识（毕竟已经有很多图书出色地完成了这一任务）。不过随着本书内容的推进，我还是会阐释一些有助于理解宇宙的物理概念，这些内容可能会比你之前掌握的更加详尽。根据实际需求，我会用定性表述，不过大家放心，阅读本书所需的数学知识并不复杂，无非也就是"距离 = 速度 × 时间"这种水平。而且大多数情况下都会使用近似值，便于大家掌握。

宇宙学中非常棘手的一点是，它涉及的距离和时间尺度都很大，大到让人难以想象。为了更加直观，我们在计数时以"10 亿"为单位。比如，地球上的人口大约有 70 亿，你小拇指的指尖上大约有 10 亿个细胞，10 亿颗 M&M 彩虹豆刚好装满一个 6 米见方的箱子。考虑到这是一本科普读物，本书没有列出任何专业性强的参考资料，很多特定思想和发现的来源我们也没有一一备注（希望我的同事们能原谅我）。

本书虽然篇幅不长，但需要呈现的内容可不少（我们要介绍整个宇宙呢），所以事不宜迟，言归正传。

1　　1 英里 ≈ 1609 米。

目录

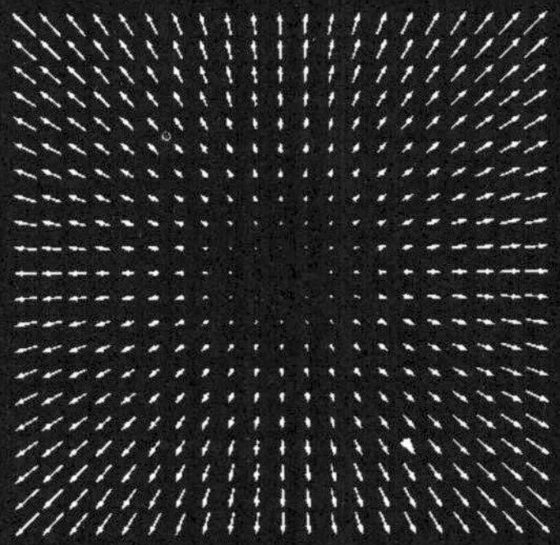

第一章
宇宙常识

宇宙的尺寸

宇宙有多大？它真的特别特别特别特别大！不过要是深究起来，这其实是一个非常深奥的问题。在探究这个问题的过程当中，我们会逐步接触到宇宙学的核心。不过，在搞清该问题的真正含义之前，不妨先看看那些和距离相关的、比较经典的物理概念。在宇宙学中，"距离"涉及的区域一般都极其广袤。想要弄清这是怎样一个尺度，可以从身边的"距离"开始分析，然后逐渐辐射出去，一步步迈向宇宙的尺度。

月球和我们的距离大约为 25 万英里，可以认为它就在我们附近。这样的一个距离，大致和一辆汽车从出厂到报废所行驶的里程数相当。如果你有一辆质量相当不错的小汽车，你就可以开着它一路抵达月球，甚至再开回来。当然，这只存在于想象当中。然而，如果我们把视野拓展到月球之外，用英里来描绘距离会变得很麻烦。由于宇宙实在太过广袤，我们通常用另一种工具来描绘距离，那就是光。计算一下光线传播的时长，就可以得知天体和我们之间的距离。既然光速是一个自然常数，它顺理成章成为一把非常实用的标尺。1 秒钟，光可以传播 186000 英里。换句话说，1"光秒"就可以指代光在 1 秒传播的距离（186000 英里）。同理，光在 1.3 秒内可以传播 250000 英里。因此我们在描述月球和我们的距离时可以不用"英里"，而是采用 1.3 光秒这样的表达方式。请注意，这些单位（比如光秒）看上去很像时间单位，但事实上它是一种长度单位，二者不可混淆。

平均来说，太阳和我们之间的距离大约为 9300 万英里，即 8"光分"[1]。因为信息传播的最快速度就是光速，所以当太阳表面有事件发生时，我们必须等待 8 分钟，直到光线传播到眼球时才能观测到该事件。之后的内容当中我们还会遇到这一概念，并将其放到宇宙的尺度上进行思考。不过，目前我们的主要精力还是应当放在"距离"，而不是走完这段距离所需要的"时间"上。

下一次再遇到身处市郊远离灯光、月光暗淡几不可见的情况时，你抬头看看夜空，就会发现一条格外耀眼的光带。这些熠熠星光来自数十亿颗隶属于银河系（我们所处的星系）的恒星，太阳就是其中非常具有代表性的一颗。通常来讲，一个星系大约包含 1000 亿颗恒星。这里有一个办法可以让你切身感受这个数字到底意味着什么，那就是用神经元做类比：人类大

---

[1]　光速为 186000 英里 / 秒，光跑完 9300 万英里需要 500 秒，比 8 分钟（480 秒）多一点点。

脑约有 1000 亿个神经元，所以我们银河系中的每一颗恒星都能对应你的大脑中的一个神经元。

银河系中的众多恒星分布于一个盘状区域内，其直径大约为 10 万光年，中间有一个凸起。图 1-1 展示了如果我们可以从远处观看银河系，它会是什么样子。银道是人类假想出来的一个面，这个面把银盘一分为二，就好像你切割无孔百吉饼。太阳系大约位于银盘中心至银盘边缘连线的中点。当我们望向银盘中心时，观测到的恒星数量要比扭过头来望向星系边缘时观测到的恒星数量多得多。这有点像住在城市边缘的感觉：尽管我们是城市的一部分，但我们可以看见某个方向上全部的高楼大厦。

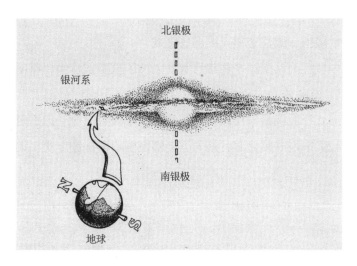

图 1-1　假如有一个观测者可以在远处观测银河系，他眼中的银河系就是图中的样子。其整体形状类似于一个中间有凸起的圆盘，银心就在凸起的中间。地球相对于银河系的方向是一个近似结果。

插图 2 是利用 CCD（电荷耦合器件）相机在可见光波段拍摄出来的银河系照片。[1] 如果我们眼睛的灵敏度更高一些，眼球更大一些，我们看到的银河系就会和插图 2 中的一样。插图中的暗色光带源于银河系中的尘埃，这些尘埃遮住了星光，某种程度上就像烈火中烟雾遮掩了火焰一样。在宇宙学中，"尘埃"指的是由多种元素（包括碳、氧、硅等）组成的微观颗粒。插图 3 展示了银河系的另一面，该图片由漫射红外线背景探索者（DIRBE）所拍摄，而漫射红外线背景探索者则是一架红外望远镜，乃是宇宙背景探测者卫星（COBE）所承载的三项科学实验之一。[2] 和插图 2 有所不同，插图 3 是在"远红外"波段，准确来讲是在 100 微米的波长下拍摄而成的。红外辐射可以向我们展示物体如何辐射热量。该图中我们看到的主要是银河系发出的热光，其实也就是所谓的热辐射。这些热量来自充斥整个星系、遮住了星光的那些尘埃。

银河系是一个非常具有代表性的星系，这类星系的平均温度 30 K 左右。尽管看上去温度不高，但它们仍旧会以热能的形式释放能量。可以用白炽灯做一个大致类比：白炽灯泡对于我们来说非常显眼，因为它能够发射出和插图 2 类似的可见光。

1　　眼睛能够捕捉到很多颜色，这些颜色的光谱构成了"可见光"，其中每种颜色都对应着不同的波长。一个典型可见光的波长大约为人类发丝厚度的 1%。准确来说，这种典型可见光的波长为 0.5 微米，而 1 微米等于 1/1000 毫米。当然有很多光是人类看不到的，它们的波长也并不局限于可见光波段。把这些光波都放到一起就形成所谓的"电磁波谱"，如附录 A 所示。

2　　另外两项科学实验涉及的仪器分别是微差微波辐射计（DMR，主要研究员为乔治·斯穆特）和远红外线游离光谱仪（FIRAS，主要研究员为约翰·马瑟），前者发现了宇宙微波背景的各向异性，后者测量出了宇宙微波背景温度的权威数值。漫射红外线背景实验的主要研究员为迈克·豪泽，其使用的科学仪器以检测出了宇宙中全部星系散发出的整体热辐射而闻名于世。

与此同时，白炽灯泡也会辐射出虽然不可见，但能切身感受到的热能，在数值上要比前面的光能高许多。[1]伸手触碰的一瞬间，你会发现白炽灯泡非常烫。不知道你是否看过用红外线技术拍摄的房屋照片，这些照片能够帮你分辨出热量是从哪些地方释放出来的（通常都是窗户）。当一个炙热的物体发热时，你感受到的热量通常也都是红外辐射。

现在让我们更进一步，迈向宇宙。我们的银河系隶属于"本星系群"，该星系群包含 50 多个星系，如图 1-2 所示。本星系群大约横跨了 600 万光年的范围，其中银河系是第二大星系，尺寸仅次于仙女星系。话是这么说，但在本星系群中"尺寸"的跨度实在太大了。比如，仙女星系拥有大约 1 万亿颗恒星，而较小的"矮星系"只有几千万颗恒星。大麦哲伦星云（插图 3 和图 1-2）是银河系附近的一个小星系，围绕银河系旋转。[2]由于"星系会围绕其他星系旋转"这个现象的存在，它们涉及的距离其实已经相当遥远。不过就像"本星系群"名字中暗示的那样，这些星系仍旧属于"本地"。尽管对天体什么时候才能算作"宇宙学"的一部分其实并没有清晰明确的界定，但通常来讲，我们会以方圆 2500 万光年的球或管为界线，本星系群只是其中的一小片区域。

为了提高感光度，捕捉到深空中微弱的光线，哈勃太空

1　　现代的 LED（发光二极管）灯泡和一体式荧光灯发出的可见光的光能，已经比热能多很多了，这就是它们照明效率更高的原因。

2　　麦哲伦于 1519 年在报告中提到了该星系，因此该星系被命名为大麦哲伦星系。事实上，早在麦哲伦之前 500 多年，波斯天文学家苏菲（Abd al-Rahman al-Sufi Shirazi）就已经观察到该星系，并留下了历史上第一份文字记录。

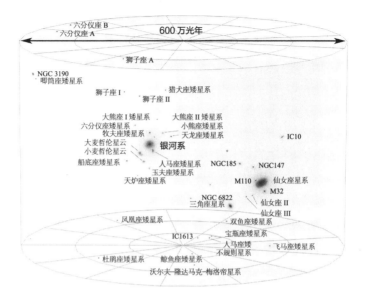

图 1-2　本星系群。仙女星系距我们有 250 万光年，在远离城市的黑暗地区用肉眼就可以观测到。它的长度是满月的好几倍。南半球很容易观测到两个麦哲伦星云，大麦哲伦星云距银河很近，插图 3 中它在散发着热辐射，其尺寸大约为满月的 20 倍。上下两个轮状网格的直径为 600 万光年。

望远镜对准特定方向，观察了将近 300 小时，才终于拍出了只看一眼便终生难忘的插图 4。这张图又被称为哈勃超深空（Hubble Ultra Deep Field，HUDF），其制图原理和相机的超长曝光有些类似。插图中距离我们最远的天体大约在数十亿光年之外，整幅图像所覆盖的区域面积大约是满月面积的 1/60。准确来说，满月的角直径大约为 0.5 度。在一臂远的距离用肉眼观察小拇指所形成的角直径，和满月的角直径大致相等。[1] 你可

1　如果把一堆满月一颗一颗紧密排列起来，围成一个圆圈，那么需要 720 颗月亮才能完整地跨过南天极和北天极（围成任何一个球面大圆都需要 720 颗月亮），因为一个完整的圆必须横跨 360 度。较为常规的说法是，月球的角直径为 0.5 度，在我们的例子中，这个角度为 360 度 /720。

以借此计算出，需要 20 万颗满月才能铺满整个天空。这张插图中还藏有一个令人震惊的事实：图中只有一小部分天体是恒星，绝大多数的天体都是星系，每个星系通常都包含 1000 多亿颗恒星。

想要弄清插图中星系的数量，你只要数一数就可以了。哈勃超深空背后的工作团队在图片中找到大约 1 万个星系，这意味着我们头上的天空之中一共存在大约 1000 亿个星系。[1] 需要强调的是，根据我们的观测结果，经典大小的星系数量有限。总的来说，在可观测宇宙（真实可观测宇宙是理论可观测宇宙的一个子集）当中，一共有大约 1000 亿个星系，每个星系通常都有 1000 亿颗恒星。这两个数字如此接近，纯属巧合。

刚刚我们引入了一个较为专业的概念，即可观测宇宙，同时也提到了一次非常深入的观测行为，即哈勃超深空。在这次观测中，基本上已经探明该方向上所有我们能够探测到的、和银河系类似的星系。换句话说，哈勃超深空代表了人类在探测和计算领域的最高水平。想要理解这些概念，就必须考虑察随时间演化的宇宙。不过目前我们还是继续将宇宙视为一片无穷无尽的、相对静态的浩瀚奇境，以便我们能够恣意徜徉。

假如时间可以冻结，人类可以遨游整个宇宙，我们会遇到哪些奇闻趣事？现在我们抛开光速的有限性不谈，大胆设想有

1　计算过程为：［10000（每个哈勃超深空区域拥有 10000 个星系）］×［60（哈勃超深空区域的面积为满月的 1/60）］×［200000（天空中一共拥有 20 万个满月大小的区域）］= 120000000000，约为 1000 亿。如果把那些哈勃望远镜看不清的、质量低很多的小星系也算进去，结果可能还要大上 10 倍，不过这样一来每个星系的恒星数量也会少很多。

这么一个人，比如爱丽丝，能够瞬间抵达宇宙的任意位置，毫无障碍地同其他人自由交流。各个星系可以被视为宇宙中的路标，原则上来讲，我们也可以给它们全部命名，之后便能闻其名，知其位。正如你在图 1-2 本星系群中所看见，银河系附近的天体名册已经录入完毕。但这远远不够，我们期待跨越更远的距离。假设爱丽丝正处于一个距我们 100 亿光年的遥远星系，我们希望她能够大致描述一下她身边的宇宙环境，比如，附近星系的数量和长相，然后拿她的描述和我们以身处银河系的视角所做出的描述对比一下，就会发现这两种描述其实差不多。尽管星系数目庞大，种类繁多，但无论我们走到何处，无论我们抵达多远，无论我们面向何方，平均而言，各星系周边的环境看上去都不会有太大变化，都和银河系长得很像，描述世界所用的语言也都是同一套物理定律。

这是一个非常重要的概念，值得复述，因为之后的内容全部建立在这个基础之上。粗略来看，在每一个瞬间，宇宙各处都大同小异。可以随便挑一个遥远的星系，联系上附近的居民，让他们以自己为中心描述一下方圆 2500 万光年范围之内的众多星系。我们会发现，他们做出的描述同样也适用于银河系周边的环境。

平均来说，在某个特定时间点，宇宙各处都一样，这个概念被称为爱因斯坦的"宇宙学原理"。如果有某个东西，它在太空每个角落都有类似的特征，我们就说这个东西是"均匀的"。宇宙学原理表明，大尺度观测下的宇宙就是同质的。宇宙学原理还表明，在大尺度的观测下，宇宙在每个方向上都是相同的，这种属性被称为"各向同性"。这意味着如果我们的视线有所转移（比如，从银面上移开），那么无论将卫星对准哪个方向，拍摄到的哈勃超深空图片平均而言都长得一样。总之，无论我们身在何处，宇宙都是均匀且各向同性的。

均匀和各向同性这两个概念彼此相关，却又不尽相同。举个例子，假如你生活在一个由西柚构成的宇宙里，住在中心地带，就会发现这个西柚宇宙是各向同性的（忽略果肉周边的薄膜）。不过，由于果肉在内部，果皮在外部，这个西柚宇宙并不是均匀的。

想要更好地理解宇宙学原理为什么会成为一种合理的通则，还需要再消化一些新概念。日常生活中我们可以发现，天空实在是和各向同性沾不上边，毕竟我们能看到日出和日落。此外，太阳系其实也和均匀这个概念相去甚远，因为诸多行星基本上都位于同一个平面内。想要分析宇宙，我们需要把视野放得更远，去想象在更大的尺度上更为简单的物质分布形式。

* * *

现在我们已经走完一段让人应接不暇的宇宙之旅。我们的步伐迈得越来越大，路程也越来越远。一直走到哈勃超深空面前，才终于碰触到目前人类观测能力的上限，视野之中再也没有新的物质可供探测。想要明白为什么会发生这种事，就得考察宇宙在时间长河中的演化过程，这将在接下来的几个小节中逐步展开。除此之外,以抛开时间性、只谈空间性为前提,我们在宇宙中很是畅游了一番,仿佛已经亲眼看到一个凝结在瞬间的、平均而言布满了和银河系长得差不多的星系的均匀宇宙。我们可以把宇宙视为一个和"万能工匠"[1]类似的三维网状结构,其中密密麻麻的连接器就代表着一个个长得差不多的星系。当然,这些星系在太空中的分布并非真的是网格状,不过"万能工匠"这种玩具的确能帮我们在脑海中建立一个描述宇宙的坐标系。

膨胀宇宙

在上一节中,我们描绘了一个静态宇宙,可事实并非如此:宇宙正在不断膨胀。这不是理论,也不是模型,而是一个观测事实。一旦脱离本星系群(图 1-2),来到宇宙学尺度上,就会观测到距离我们越远的星系,远离我们的速度越快,这就是哈勃-勒梅特定律。定律的名字来自两位科学家——乔治·勒梅特以及埃德温·哈勃:前者根据当年的观测结果,将定律内容于 1927 年发表在一份晦涩的专业期刊上;后者于 1929 年独立发表。简单来说,哈勃-勒梅特定律表明,你观测的物体每远 100 万光年,其退行速度就会增加 15 英里 / 秒。

---

1   "万能工匠",即 Tinkertoy,美国常见的一种儿童益智玩具,主要玩法是利用小巧的连接器把一根根小棍连接起来,拼成各种不同的造型。——译者注

这个数值称为"哈勃常数"。[1]

哈勃的观测结果立即带来一个新的问题：莫非我们人类处于宇宙的正中心？答案是否定的。仅仅因为所有星系都在远离我们，并不能得出我们处于宇宙正中心的结论。人类的确有点特别，但远没有那么特殊。在可观测宇宙中，位于任何星系、任何角落的任何观察者，观察到的现象都会跟我们一模一样。这是因为宇宙膨胀有特定的形式，即退行速度和距离成正比。换句话说，如果一个星系和我们的距离增加一倍，它远离我们的速度也会增加一倍。可以设想这样一种情况，所有星系分布在一条线上，每个星系都代表它周边2500万光年的区域。现在从中间的银河系开始分析。如果星系"Nan"的距离为2500万光年，那么根据哈勃常数，它远离银河系的速度就是375英里每秒〔（15英里/秒/百万光年）×（2500万光年）=（375英里/秒）〕。如果星系"Orr"的距离为5000万光年，它的远离速度（退行速度）就是750英里/秒。同理，如果星系"Pam"的距离为7500万光年，它的远离速度将为1125英里/秒（相关示例以一条直线展示在图1-3的上方）。即便如此夸张的距离，所涉及的速度也不大，甚至连光速的1%都不到。

现在，假定你可以立即从图1-3中间银河系的位置瞬移到

1　　一开始，哈勃根据自己观测到的距离以及维斯托·斯里弗测得的速度，计算出了原始的哈勃常数。由于对距离的估值有误，这个数值大约是当今科学界公认数值的7倍。正如其他很多重大发现一样，哈勃常数的探索过程也异常复杂，而且涉及很多人物，其中就包括哈勃的助手米尔顿·赫马森。在当今各种科学文献中，哈勃常数一般为70（千米/秒）/兆秒差距，相当于15（英里/秒）/兆光年，其误差不超过15%。

星系"Nan"，并在星系"Nan"中处于静止状态。当然，你如果坐在星系"Nan"中回头看看银河系，就会发现它正在以375英里／秒的速度离你而去。这里有一个办法，可以帮你想象整个大环境是如何改变的：如果你身处银河系，想要和星系"Nan"保持相对静止，你就得以375英里／秒的速度向右运动，如图1-3第二列所示。如果我们朝着旁边某物体运动，同时与它保持相同的速度，那么二者之间就处于一种相对静止的状态。这就跟开车时看到旁边车速相同的汽车一样，对于你来说，旁边那辆车就是静止的。在图1-3的第三行，我们减掉了相应的速度[1]，从而可以直观地展示以星系"Nan"的视角来看宇宙会是什么样子。不过需要注意，第三行的图片其实和第一行的图片一模一样，只不过视角切换到了星系"Nan"而已，哈勃-勒梅特定律在这里也同样适用。某个住在星系"Nan"中的人可能会怀疑，他们所处的就是宇宙中心。我们暂时假定这一排星系可以无限延展，速度也可以无限增加。

说了这么多，其实最重要的一点就是，只要退行速度和距离成正比，宇宙中所有观察者就会观察到完全相同的星系退行模式，而且看上去似乎每个观察者都刚好处于宇宙膨胀过程的正中心。尽管这个膨胀过程在本书中仅以位于一条直线上的一维星系模型展示，但事实上这个原理放在二维、三维中也同样适用。在图1-4中，你可以看到宇宙膨胀的二维模型，该图描绘了两个相距甚远星系的不同视角。

1　　物理学中的速度是矢量，包含速度的数值和相应的方向。想要减掉速度，你可以使用图1-3中间一行的箭头，然后反转方向，把它们加到第一行。

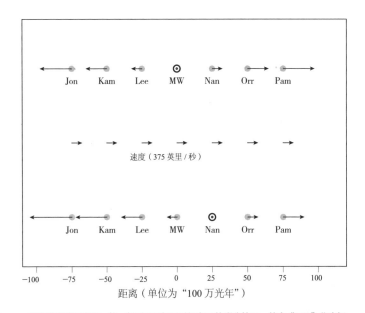

图 1-3　一维宇宙膨胀示意图。第一行展示了银河系视角下的膨胀情况，其中"MW"代表银河系，圆圈表示它是一个参考点，而箭头代表速度。星系"Nan"距离我们有 2500 万光年，目前正以 375 英里 / 秒的速度远离银河系。星系"Orr"和我们的距离是"Nan"的两倍，因而它远离银河系的速度也是两倍，代表其速度的箭头也是两倍长。第二行展示了"Nan"的速度，需要注意的是，不仅是"Nan"的位置，每个同样长度的箭头速度都是一样的。比如，你正以该速度在"Nan"附近运动，那么在你看来"Nan"就像是静止不动的。第三行展示了星系"Nan"视角下的膨胀情况，其中圆圈表明"Nan"现在变成了一个参考点。我们可以看到，对于生活在星系"Nan"中的观察者来说，他们就是宇宙的中心，其他星系都在远离他们，而且也遵守哈勃-勒梅特定律。

　　还可以用一种相当简单、截然不同的方式认知宇宙的膨胀。在图 1-4 中，我们默认空间不动，星系在动。换句话说，我们认为空间是不变的，各个星系以不同的速度穿行于空间。现在需要进行一次较为艰难的思维飞跃：我们仍旧把星系想象成图 1-3 顶部的那条直线，但是忽略其中代表速度的箭头。然后将各个星系想象为空间中的坐标，就像用来标示距离的高速公路一维标牌，或二维地图中的经纬度。不同的是，我们这回尝试在高速公路标牌之间增添一些空间。对于图1-3顶端的直线来说，这就相当于拿了一把剪子，在每两个星系中间垂直地剪

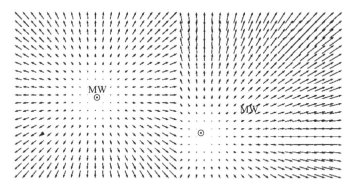

图1-4　二维宇宙膨胀示意图。其中每个点都代表一个星系，箭头则代表我们看到的各星系的速度。当然，现实中星系分布模式远没有这般井然有序。左图展示了我们向远方眺望时的景象，其距离范围比图1-3大得多。同样，圆圈表示银河系是一个参考点，看上去所有的星系都在远离我们，进行速度和距离成正比。现在假设我们被传送到被加粗箭头标记出来的星系（距左侧有四个星系，距底侧有六个星系）中，与其保持相对静止。右图展示了以新星系为参考点的情况，可以发现全局画面没有变化：我们看起来仍旧是宇宙的中心，其他所有星系都在远离我们，进行速度仍旧和距离成正比。

开，使它们彼此分离，随后在剪开的缝隙中分别塞上一个宽度为……嗯……比如宽度为0.2厘米的纸条，并假定这一过程需要30分钟。完成之后，星系"Nan"和银河系之间的距离比最初远了0.2厘米，同理，星系"Orr"比最初远了0.4厘米，星系"Pam"比最初远了0.6厘米。在这30分钟之内，"Pam"变远的距离是"Nan"变远的距离的3倍，"Orr"变远的距离是"Nan"变远的距离的2倍。起初，"Pam"和银河系的距离是"Nan"的3倍，现在移动的距离也是"Nan"的3倍，用的时

间都是 30 分钟。因此,"Pam"的速度在视向上也是后者的 3 倍。现在我们以一个全新的视角再次展现了宇宙的膨胀。之前是空间不动,星系在动,现在变成星系之间的空间在不断膨胀。

从现在开始,希望读者开始考虑空间是可度量的,不要将其视为供宇宙演化的、固定不变的舞台,而是要将空间本身视为一个不断演化的实体。[1] 前面提到的星系"Jon""Nan""Pam"不必互相交流,它们只需要静静地待着,看着空间以同样的速率,在同样的时刻,于每一个角落凭空出现。在这个图景中,哈勃-勒梅特定律只是对空间膨胀的特定速率的一种客观描述。对于图 1-4 的二维模型,我们无法将其剪成纸条,但可以将各个星系想象成画在橡胶板上的一个个圆点。如此一来,膨胀空间就会像在每个维度上同时拉扯一张巨大无比的橡胶板。对于三维情况,可以回想一下前文提到的无限延展的、网格状的"万能工匠"玩具,其中木制的连接器就是固定的坐标,而连接器之间的各个支柱则代表随时间膨胀的空间。

尽管用了很多方式——剪开纸张塞入纸条、拉伸橡胶板、拥有不断变长的支柱的"万能工匠"——来类比空间,但我们必须记住,这些东西仅仅是类比,其目的只是描述广义相对论的数学结构。真实的空间绝不会像纸张、橡胶、木头一样变化,不过这些类比的确可以很好地帮助大家分析不同情况。和我们用日常物品所做出的简单模型相比,这套理论本身更加微妙,更加深刻。

1 　　对于专业人士来说,"膨胀空间"指的是宇宙标度因子 a(t)(scale factor,也被称为尺度因子,和时间相关)的增大。"膨胀空间"其实具有较强的争议,是一个有用概念。附录 B 中我将和大家探讨该理论的几个缺陷。

重申一下，可以将宇宙的膨胀视为空间的膨胀，膨胀的速率取决于我们"生成空间"（make space）的速率。我们不应该认为宇宙的膨胀过程就是各个星系在预先规划好的空间中四散而逃。宇宙大爆炸其实并不像一颗引爆于百亿年前的炸弹，它本质上标志着在很久很久以前的一瞬间，空间的每一处都开始了漫长的膨胀过程。

＊　＊　＊

回顾一下，本节一开始阐述了哈勃-勒梅特定律，然后发现无论你身在宇宙何处，由于其他星系的退行速度和距离成正比，你都像是位于宇宙的正中心。之后我们引入空间作为一种变化量，意识到如果把星系视为固定坐标，那么根据哈勃-勒梅特定律就可以描述空间正在以特定的速率膨胀。总的来说，我们可以让空间在不处于特定位置的情况下以任意速率膨胀。我们仍旧认为宇宙无穷无尽。

我们以一种全新的视角思考了空间的性质，随即引出了另一个问题——什么是空间。这个问题很深奥，和"什么是真空"相似，大多数物理学家都会说我们不知道答案。在宇宙史当中，膨胀空间有时可以完美地描述宇宙性质，有时它也会有一定的误导性，让我们花时间去幻想一些本不存在的力。无论如何，膨胀空间是一个统一的概念，可以帮助我们想象宇宙的膨胀，而且和广义相对论所描述的时空扭曲可以很好地吻合起来。我们将在附录 B 中考察空间膨胀的其他要素。

我们注意到,在人类日常生活的尺度上宇宙膨胀可以忽略不计。之所以能够发现宇宙在不断膨胀,是因为我们向外观测了相当远的距离。保持地球完整如一、将地球和太阳束缚在一起的力,完全支配了空间的膨胀效应,就连银河系也没怎么膨胀。没错,这个将万物束缚在一起的力就是引力。可以将其进一步量化:如果本书的这一页纸张受到宇宙膨胀的影响,那么100年后,这页纸将膨胀大约 0.001 微米,大约是原子直径的 10 倍,可以用仪器测量出来。然而,纸张中的分子需要某种力才能聚在一起形成书页,这种力(测量发现这是一种恒定的力)将使页面维持在如今的尺寸。

宇宙的年龄

如果说所有星系都在视向上离我们远去,照此推论,这些星系在以前肯定离我们更近一些。以前的宇宙比现在更加紧致:当时哈勃超深空中的那些星系彼此之间比现在更紧凑。需要说明的是,我们用"紧致"一词来指代长度或者距离上的缩小,而不是体积上的缩小。比如,一个球体的直径减小为之前的一半,就说它的"紧致"程度是之前的两倍,尽管它的体积缩为之前的 1/8。当宇宙的紧致程度增加一倍时,物体彼此之间的距离就会缩减为原来的一半。

在遥远的过去,星系之间的距离要比现在近得多得多得多。我们再往前回溯一段时间就会发现星系尚未形成,这样一来,需要考虑的就不是星系之间的空间,而是构成星系的那些物质之间的空间。随着不断地往前回溯，空间会越来越小，考虑到宇宙中物质的量一直没有改变，物质的密度[1]就变得越来越大。再往前外推，理论上来说必然会存在某个时间节点，使得现有物理定律全部失去意义。不过我们没必要外推至这个时间节点，我们的重点在于，既然可以一直外推到宇宙密度极大的时期，那么这一过程肯定存在一个确切时长。换句话说，宇宙的年龄是有限的。

对宇宙年龄最精准的测量来自威尔金森微波各向异性探测器（WMAP）和普朗克卫星。综合考虑目前人类已知的所有和宇宙膨胀相关的知识之后，我们所能给出的最佳估算是，宇宙的年龄为 138 亿年，误差大约为 1%。换句话说，宇宙的年龄在 137 亿年和 139 亿年之间。

根据前文给出的数据，可以推算出宇宙年龄的近似值。之前我们说，相距 5000 万光年的两个星系，彼此的退行速度为 750 英里 / 秒。假设这个速度恒定不变，可以算出 125 亿年之前两个星系彼此重叠在一起。相距 1 亿光年的两个星系，现在彼此的退行速度为 1500 英里 / 秒，根据刚才的假设也可以推算出，同样是在 125 亿年前，两个星系是彼此重叠在一起的[2]，如图 1-5 所示。据此进一步推断，无论彼此相距多远，每个观测者都会

1　　物质的密度指的是单位体积内的质量大小。同样，我们也可以设定能量密度，即单位体积内的能量大小。利用爱因斯坦名闻天下的质能方程，宇宙学家们可以随心所欲地把质量换算成能量，或把能量换算成质量。质能方程，即 $E=mc^2$，其中 E 为能量，m 为质量，c 为光速。

2　　每秒 750 英里，等同于每 10 亿年 400 万光年。如此一来，我们可以求出宇宙年龄为（5000 万光年）/（400 万光年 /10 亿年）=125 亿年。同理，每秒 1500 英里，等同于每 10 亿年 800 万光年，我们同样可以求出宇宙年龄为（10000 万光年）/（800 万光年 /10 亿年）=125 亿年。这里为了方便大家计算，我们只保留了三位有效数字。如果采用更为精确的哈勃常数的数值，我们可以求出宇宙年龄为 140 亿年。

得出相同的结论，即宇宙有 125 亿岁，那时候的宇宙所有星系都处于同一个位置，彼此交叠在一起，没有任何空间可言。如此简单的估算，居然能得出一个和准确值（138 亿年）差不多的数字，是一个巧合，下文讨论。

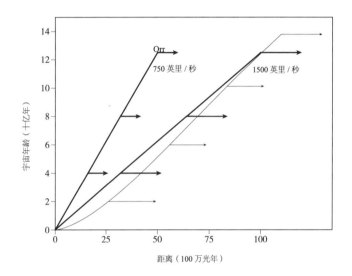

图 1-5　　图 1-3 中提到星系"Oπ"，其距离为 5000 万光年，正在以 750 英里 / 秒的速度远离我们。同理，一个距离为 1 亿光年的星系，正在以 1500 英里 / 秒的速度远离我们。我们假设星系速度没有任何变化，那么根据图中的粗线，随着时间的回溯，星系之间会靠得越来越近，直到彼此重叠。我们可以看到，即便采用了这种简单的近似，以前的哈勃"常数"也比现在的大。细线展示了宇宙年龄为 125 亿年时某个距离为 1 亿光年的星系的真实轨线。

　　刚才回溯宇宙历史时，假定宇宙膨胀速度恒定不变。不过我们很清楚，膨胀速度肯定不是个常数。最起码由于引力的影响，星系会彼此拉近，减缓宇宙的膨胀趋势。仅凭这一简单观察就可以发现，质量的存在会影响宇宙膨胀速度，这也是广义相对论的核心内容之一。由于宇宙膨胀速度并不恒定，哈勃常数在整个宇宙史中也并非固定不变，其实际值取决于宇宙具体处在哪个时期，所以哈勃常数又经常被称为"哈勃参数"。我们之前给出的数值，即15（英里／秒）／百万光年，只适用于当前的宇宙。

至于如何才能准确地推演宇宙的历史，直到20世纪90年代科学界也没有达成明确共识，因为人们无法确定不同时期的宇宙膨胀速率。不过，随着各种观测数据变得越来越翔实，彼此之间的关联变得越来越紧密，我们逐渐搞清了宇宙的构成，进而了解了宇宙的膨胀过程。因此我们现在有了充足的信心，推演宇宙历史一定可以帮助我们得知宇宙的年龄。

在某些宇宙学模型当中，目前的膨胀只是众多，甚至是无限个膨胀周期当中的一个。目前为止，没有任何观测结果可以支持或者驳斥这些宇宙学模型。大多数宇宙学家并不赞成这些周期性模型，因为它们缺少像"暴胀模型"那样坚实的科学基础（之后会介绍该模型）。不过我们应该明白，那些涉及周期性膨胀的模型仍存在某种可能性。如果宇宙真的具有周期性，那么138亿年只能指明当前周期的宇宙年龄，本书的讨论范围也仅限于当前周期内的宇宙。

现在我们对"大爆炸"这个概念有了更精准的理解。我们用它来指代宇宙开始膨胀的那个时刻，同时它也意味着时间的开始。此外，大爆炸不涉及任何空间问题。尽管目前有很多宇宙学家正在研究大爆炸，但当前的物理水平还不足以彻底搞清大爆炸的整个前因后果。

在本章第一节中，在讨论天体的距离时会假定宇宙的时间被冻结了。现在就可以理解当时为什么要这样做了：考虑到宇宙膨胀的影响，光线刚刚发射时天体和我们之间的距离，与光线射入眼球时天体和我们之间的距离，二者有本质不同，后者要比前者远很多。从现在开始，我们不再讨论天体距离有多远，而是讨论光线刚刚发射时宇宙的"紧致程度"。同样，当光线射入眼球时，可以用这束光线刚刚发射时宇宙的"年龄"描述该天体。光线从发射到进入眼球需要一定时间，凭借"紧致程度"和"年龄"，我们避开了这段时间，也避开了在此期间宇宙的膨胀。这样在描述哈勃超深空图片时就可以抛弃距离的概念，转而使用下述表达方式：图中最远的天体在宇宙紧致程度大约为当今 10 倍的时候发射了光线，当时宇宙年龄为 4 亿~7 亿年。对于特定事件、特定时间，也可以采用类似的表述方式。比如，大约在大爆炸之后的 59 亿年，即距今约 80 亿年前，宇宙紧致程度是现在的 2 倍。宇宙学家们使用的术语有些不同，他们会说当时的"标度因子"（scale factor）为 0.5，因为宇宙紧致程度是当前的 2 倍意味着天体之间的距离是现在的一半（0.5）。大多数情况下我们都会使用"紧致程度"，不过有时使用"标度因子"更为方便。比如，地球和月球大约形成于大爆炸后 93 亿年，也就是距今 45 亿年前，此时标度因子为 0.71。恐龙横行地球的时期大约为 1 亿年前，此时标度因子为 0.993。大约 10 万年前智人出现在地球上，当时宇宙紧致程度只比今天高那么一点点。附录 C 列出了宇宙史中重大事件的时间线及对应的紧致程度。

*　*　*

从本章第一节开始我们描绘了一个静态宇宙，随后又逐渐把时间这个要素加了进去。现在再用"万能工匠"玩具类比一下：138亿年前，所有的木制连接器彼此重叠，挤作一团。按照我们的推断，既然"万能工匠"的网格状结构无穷无尽，那么沿着时间线回溯宇宙膨胀史，这个结构应该会一直保持无穷无尽的状态。不过这样一来连接器之间的距离会变得越来越短，整个网格结构也会变得越来越紧密。我们无法外推无限的密度，也无法外推时间的起源，因为那种状况下物理定律已经全部失效。尽管到现在为止我们已经学到很多东西，但从整体上来说仍然无法令人满意，因为还没解释为什么科学家们可以算出哈勃超深空方向所有处于可观测宇宙中的天体总数。且听下节分解。

可观测宇宙

前文讲到宇宙年龄有限，而且所有观测者都会得出相同的数值。想要进一步完善宇宙学模型，就得向其中加入另一个要素——光速。目前为止，我们对光速恒定的利用主要体现在对距离的标定上，也就是之前提到的距离单位"光年"。接下来就沿着这个方向继续深入。

我们现在如果可以瞬移到宇宙中的任意地点，就会发现各星系的环境其实和我们附近的环境差不多。这就是宇宙学原理。尽管宇宙中存在各种各样的星系，但无论我们走到哪里，计算出来的宇宙年龄都会是138亿年。

由于光速恒定有限，再加上知道宇宙的年龄，这就导致我们可以观测到的宇宙范围存在一个上限。换句话说，可观测宇宙大小有限，具体有多大也很好估算。就一级近似来说，对于某个特定方向，我们的视野范围不可能超过宇宙年龄和光速的乘积。据此推断，好像每个观测者都处在一个巨大的球体范围当中，其直径为276亿光年（2×138）。事实上，真实的球体范围大约是这个数字的3倍多一点，因为我们的近似没有考虑光线传输过程中宇宙的膨胀。不过这没什么，重点在于信息传播的速度不可能超过光速，我们只能看到特定范围内的宇宙，即"可观测宇宙"。当宇宙学家提到"宇宙"时，一般指的都是可观测宇宙。不过需要记住，此时此刻，位于可观测宇宙"边缘"的星系环境跟我们周边的环境大同小异。附录D给出了可观测宇宙的年龄、大小、紧致程度之间的关系，感兴趣的读者可以自行查阅。

宇宙是无限的吗

在可观测宇宙之外的那些无垠之境当中，空间——甚至是物理定律——可能会有所不同。空间一望无际，绵延不绝，没人知道宇宙到底是不是无限的。不过从目前的观测结果可以看出，一个无限的、各处性质都跟银河系周边环境差不多的宇宙，与各种数据最为贴合，也是最简约的一种描述。也就是说，我们无法分辨出当前观测到的宇宙和一个空间无限拓展的宇宙学模型之间有何区别。

直到几十年前，科学家们手中都没有任何科学理由去相信"宇宙是无限的"这样一个先验结论。宇宙学家们不知道后续的观测到底能不能向我们揭示宇宙是否有限，或者说，宇宙空间及内部物质是否有限。即便宇宙并非无限，其实也不会影响我们面前这个正在膨胀、年龄有限的宇宙，只不过它空间有限，最终会在有限的时间内坍缩罢了。然而对宇宙成分的观测表明，无论出于何种目的，我们都应该认为宇宙无穷无尽，下一章会给出更多分析。

现在暂时将宇宙想象为一个巨大无比的容器，里面装满拌有巧克力碎屑的冰激凌。其中巧克力碎屑代表各个星系，冰激凌代表空间。可观测宇宙就像从容器中离容器壁很远的某个地方挖出来的一大勺冰激凌，冰激凌里充斥着各种大小不一的巧克力碎屑。只要我们挖冰激凌的位置离容器壁很远，无论我们从哪里挖，每一勺看起来都差不多，可以认为它们是彼此相同的巧克力冰激凌。如果真的存在这样一个容器壁，它就代表某些我们不曾遇到的物理领域。

宇宙的大小是一个活跃的研究领域，时不时就会有人提出一个有限宇宙学模型。然而当拿观测数据和该模型的预言做对比时，我们会发现无限宇宙学模型同数据更为契合。胸怀这一图景，"宇宙会膨胀成什么样子"这个问题根本无须回答，甚至没有什么意义。

如何回顾宇宙的历史

现在把另一个概念加入宇宙学模型的拼图。这回仍旧从光速出发，不过并不是用光来测量距离。之前我们说，由于太阳距离地球有 8 光分那么远，我们看到的太阳其实是它 8 分钟之前的样子。同理，如果一个天体离我们有 2000 万光年，我们看到的其实是它 2000 万年前的样子。随着观测距离的不断增加，我们看到的太空天体也越来越"年轻"。如果可以更深入地观测宇宙，我们就能阅览整个宇宙史，因为这相当于沿着时间线往回看。换句话说，望远镜就像时间机器。

我们先迈出一小步，看看这意味着什么。恒星会爆炸，"超新星"在爆炸过程中会释放大量光和粒子，而且爆炸可以被人类观测到。1987 年，我们见证了一颗恒星的爆炸，它位于和我们相隔不远的大麦哲伦星云当中（插图 3 和图 1-2）。大麦哲伦星云的距离约为 16 万光年，由此可以推断该恒星在智人问世之前就已经爆炸了，可是直到 1987 年才看到爆炸产生的光。这颗被称为 1987A 的超新星非常独特，因为我们不仅从它的爆炸中发现了光，还探测到了中微子。中微子是一种与核相互作用相关的、很难被检测到的基本粒子，它能够以逼近光速的速度驰行，几乎不与其他物质产生任何作用。之后还会详细介绍它，不过当前只需要记住，它不仅是一种来自遥远过去的光，还是一种粒子。仅仅这一次超新星爆炸就释放了大量中微子，最终撞击到地球的中微子密度甚至达到 1000 亿颗 / 平方厘米。其中大部分直接从地球穿了过去，只有 25 颗被位于日本的神冈探测器成功捕捉。

超新星的亮度如此之强，在很远的地方就能看到。借助功能强大的望远镜，天文学家们可以捕捉到大爆炸后 59 亿年，也就是宇宙紧致程度为当今 2 倍的时候，寿命较短的恒星所形成的超新星。这意味着这颗恒星已经在宇宙中消失 80 亿年了！它留给我们探测的是由光和粒子组成、在宇宙中穿梭、状若球壳的外壳。当这个外壳经过地球时，我们可以看到它，同时也会有数十亿粒子"流过"我们的身体，仿佛我们根本不存在。宇宙中到处都有与之类似的正在爆炸的超新星，它们传播出的爆震波目前正在苍穹当中不断穿行。对于那些能够探测到的爆震波，我们可以进一步分析研究，利用爆炸的余烬来了解这些遥远恒星的构成。

那些单独的、遥远的年轻恒星实在太小了，很难被观测到，除非它们爆炸。不过我们可以看到宇宙年龄还不到 10 亿岁时的新生星系。现在再看一下哈勃超深空。插图 5 展示了当探测距离越来越远时会看到什么。凭借超强的感光度，以及聚焦在天空中一片极小区域的能力，包括哈勃在内的很多望远镜几乎可以看到各星系刚刚形成的时期。上文说过，我们可以算出宇宙中一共有多少星系，现在就来看看这意味着什么。我们能够回溯星系尚未形成时期的事件，当时宇宙的紧致程度大约是如今的 20 倍，年龄只有 2 亿岁左右（参考附录 C）。因此在我们可以触及的那一部分宇宙，也就是在可观测宇宙当中，我们可以计算出星系的总量。正如前文所说，该区域一共有1000亿个大体上和银河系差不多的星系。

如果更深入地观测宇宙，就能看到第一批恒星的诞生。目前还无法做到这一步，不过更多先进设备的不断涌现正在使其成为可能。再往更早之前回溯，我们甚至可以看到大爆炸残留下来的辐射，即宇宙微波背景——来自可观测宇宙边缘的光。

* * *

本章展示了一个广袤无垠、不断膨胀的宇宙框架。宇宙的膨胀让我们不由自主地想到，以前的宇宙肯定更为紧致。沿着宇宙的膨胀史，我们一路回溯到了138亿年前密度极高的大爆炸，这个数字也正是宇宙的年龄。考虑到光速恒定有限，宇宙年龄必然也是固定值，我们不可能看到无限远处的宇宙。换句话说，我们只能看到可观测宇宙。

前文中绝大多数的情况下，星系仅仅被视为一种距离标记，或者说路标，目的是帮助我们理解"可观测宇宙"之类的概念，同时也说明了宇宙年龄的有限性。其实我们不必研究全部星系，只需观测其中的一小部分就能得出相同的图景。毕竟我们只是从光速出发，考察了空间和时间的几个侧面。不过在下文中我们会看到，宇宙的内容和空间的膨胀密切相关。为了弄清二者之间的联系，我们得先打好基础，看看宇宙到底是由什么组成的。

第二章
宇宙的构成和演化

宇宙主要由三种成分构成：辐射、物质、暗能量。这里将它们视为一种密度，也就是单位体积内的能量或质量。正如前文所说，通过 $E=mc^2$，可以将质量转换为能量，反之亦然，这样就能够以同样的基准来分析这三种成分。如此一来，在大尺度上，可以说宇宙能量由 $x\%$ 的辐射、$y\%$ 的物质、$z\%$ 的暗能量构成。在研究 x、y、z 的细节之前，先简要介绍一下这三个概念。

宇宙中充满了以热能形式存在的辐射，即宇宙微波背景。我们将会看到，宇宙微波背景其实很像幼年宇宙的化石，不过它不是某种有形的东西，而是来自远古的光。就像恐龙的足印，对于了解宇宙当前的状态它并不重要，但对于了解宇宙如何演化成当今的模样它至关重要。

宇宙的第二种成分是物质，它又可以细分为原子和暗物质。当借助哈勃太空望远镜一类的设备凝望夜空时，我们可以看见很多星系，这是因为星系中的原子会发射光。不过我们看到的原子只占总数的一小部分，而且就算把所有原子都加起来，它们也只占物质总量的 17%，而物质又只占宇宙总能量的 30%。我们观测星系图像，其实就和在夜间飞过陆地差不多——通过地面上各住宅的灯光分布来分辨下面到底有什么，是群山？是森林？是沙漠？还是湖泊？灯光就像星系，地表就像宇宙。在城市附近的区域，你可以分辨出下方有什么，不过在飞行期间的绝大多数时间里，这些简单的灯光分布完全不够用。通过各种不同的方式观测宇宙，我们能够获取更多、更详细的信息，进而确定宇宙的构成。

宇宙的第三种主要成分是暗能量。和宇宙微波背景相比，暗能量在帮助我们理解宇宙当前状态以及未来膨胀趋势方面非常重要，不过在了解早期宇宙方面作用有限。三种成分当中，暗能量是人类了解程度最低的一种。自 20 世纪 90 年代末期以来，我们唯一能确定的就是它的存在性。直到今天，我们仍然在努力尝试把暗能量填进物理学的拼图。

在宇宙不同的历史时期当中，这三种成分曾各领风骚，轮流占据宇宙能量密度的主导地位。大约在宇宙史最早的 5 万年当中，以宇宙微波背景存在的辐射是主要能量形式。之后的 100 亿年，物质独占鳌头，为了方便和宇宙微波背景做对比，也可以把物质转换为能量，认为是它的等效能量占了主导地位。接下来，在最近的 38 亿年，暗能量又一枝独秀，成为主要的能量形式。下面更加深入地考察这三种宇宙成分，看看在漫长的时间长河当中，它们如何相互作用，最终形成了宇宙结构。

宇宙微波背景

宇宙微波背景最重要的特征是它的温度——2.725 K，本节阐释它的含义。另一个特征是它的温差。在宇宙中的不同位置，或者从我们的视角出发，在夜空中的不同位置，宇宙微波背景存在细微温差。第三个特征是它的极化。关于温差和极化，将在后文讨论。

其实将温度作为宇宙微波背景最重要的特征，本身就意味着很多东西。宇宙微波背景是一种很特别的、称为"黑体辐射"的辐射形式，既可以将其称为热辐射，也可以称为辐射能。我们把能够发出黑体辐射的物体称为"黑体"。

可以通过一个简单的对比来了解热辐射是什么。在太阳光照下，一张黑纸要比一张白纸热，而一张白纸又比一个理想反射镜热。黑纸会把落在它身上的辐射全部吸收；白纸只吸收部分辐射，大部分辐射都被它散射掉了；理想反射镜会反射所有落在它身上的辐射，绝不吸收哪怕一点点。[1] 由热力学定律可以推断出，一个吸收辐射能力很强的物体，它发出辐射的能力也会很强。所以如果你把手放在纸上方，注意不要放在纸上，就会发现受光照影响的黑纸能够发射出比白纸或反射镜更多的能量。黑体辐射还有更好的例子，比如太阳，或者陶窑。

物体会在一定的波长范围内，或者说光谱范围内辐射热能。

1　　现实当中很难做出一面理想反射镜。铝是一种很不错的材料，不过它会吸收大量的紫外线，在太阳光照下会变得很热。虽然人眼看不到紫外线，但假如你真能看到，你会发现铝镜看起来黑黑的。

就算是黑体，它发出的辐射也只占光谱的一部分。准确来说，黑体主要在相对较短的波长范围内发出辐射。以太阳为例，几乎有一半的太阳辐射波长都在 0.4~0.8 微米，刚好属于人眼可见光的波长范围。其实这算不上什么巧合，很可能是人体为了充分利用太阳光谱而导致的进化结果。我们知道太阳还会发射紫外辐射，比如"远紫外线"（UVB），也就是晒伤的主要来源，其波长为 0.3 微米，不过肉眼看不到。除此之外，太阳还可以发出"近红外"辐射，这个波段的光也是肉眼看不到的。

物体的温度越低，辐射的主波长就越长。这称为维恩位移律：以微米为单位，黑体辐射的主波长大约等于 3000 除以它对应的开尔文温度。比如太阳，温度大约为 6000 K，所以它辐射的主波长等于 3000/6000，也就是 0.5 微米。银河系温度为 30 K，比太阳冷 200 倍，所以它辐射的主波长也是太阳的 200 倍。利用这个简单的定律，可以算出银河系的主波长为 3000/30，即 100 微米。这个波长刚好处于漫射红外线背景实验所测得的远红外辐射范围内，如插图 3 所示。尽管维恩位移律适用于特定的单一波长，但在分析问题时，还是应该认为大多数辐射来自围绕主波长的一整个波段。利用这一点，可以将天体的温度与其发射出的光波波长对应起来。

我们还可以从原子过程的角度来认知热发射体（比如太阳）。物体越热，其中的原子发光时的"碰撞"程度就越激烈。碰撞得越激烈，释放的能量就越多。释放的能量越多，主波长就越短。黑体发射体和一坨高能原子的区别在于，为了获取黑体辐射，你需要大量原子，其中每个原子都会吸收其"邻居"

的辐射，然后再把这些辐射重新释放出去。我们可以将辐射视为沙滩球游戏，将大量原子视为一群经常去沙滩、喜爱沙滩球的玩家。天气炎热的时候，玩家数量非常多，需要很小的沙滩球才能玩得起来。站在很远的地方，你会看到一些小小的沙滩球被玩家们快速地传来传去，甚至在空中飞舞起来，这相当于短波长的高温辐射。天气较冷的时候，玩家数量会减少，所以他们可以玩个头大一些的沙滩球。我们甚至可以想象，这些玩家的热情程度也会随温度而下降，空中飞舞的沙滩球也没有天气炎热的时候多，这相当于长波长的低温辐射。

尽管以上内容涉及黑体辐射较为深层的知识，不过你需要做的只是弄清它的温度，然后就能知道它在每个波段辐射的热量总和。亦即，根据温度这个参数不仅能得到它的主波长，还可以获取整个光谱。根据定义，能够发出黑体辐射的物体，与该辐射处于热平衡状态。换句话说，辐射的温度取决于物体的温度。假设你在窑炉远离辐射的墙壁上嵌入了温度计，那么在窑炉发出辐射时，你可以根据各波长的能量总和得到一个辐射温度，这个温度一定和嵌在墙壁上的温度计的示数一模一样。用刚才沙滩球的类比就是，只需看一看在空中飞舞的沙滩球，你就可以判断出参与游戏的玩家有多少，当时的气温有多高。

1900 年，马克斯·普朗克推导出了描述黑体辐射的著名公式。迄今，人们已经在各种波长下观测了宇宙微波背景，至测量极限都符合普朗克公式。此外我们还知道，宇宙微波背景产生于一个特殊时期，当时宇宙中的物质和热辐射刚好处于热平衡状态。图 2-1 展示了宇宙背景探测者卫星等仪器观测到的宇宙微波背景波谱。有很多人用各种不同的辐射源来解释这个波谱，试图找到大爆炸的另类解释。比如有人提出，宇宙微波背景可能源于遥远的冷尘云。这些尝试目前还没有获得成功，因为依照其他辐射源预言的波谱都不符合观测结果。尽管如此，我们还是期待能够发现一些不符合普朗克波谱的案例，相关的

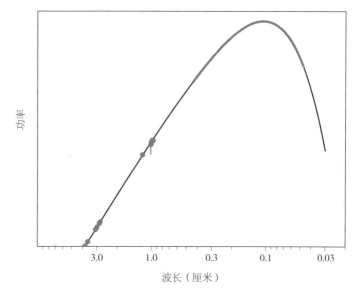

图 2-1　宇宙微波背景功率谱，x 轴表示波长，y 轴表示发射功率。黑色细线表示根据著名的普朗克公式计算出来的 2.725 K 黑体辐射。连续灰线表示装载于 COBE 上的 FIRAS（远红外游离光谱仪）测得的数据。误差棒小于该线条的粗度。某些特定的、超过 FIRAS 测量波长范围的数据也以灰色展示。显而易见，观测结果和黑体辐射公式吻合得相当好。

搜寻工作相当重要，因为这样的案例能够给我们提供很多东西。比如，宇宙早期会不会存在一颗衰变粒子，向宇宙中注入了大量能量？

标志着量子力学诞生的物理学史上相当关键的一步，普朗

克为了推导他的公式，假设电磁辐射是量子化的。也就是说，可以用离散的包，或者一份份能量量子来描述辐射行为。这些量子化的能量就是"光子"，即"光粒子"。量子力学的建立有一个很重要的前提，就是辐射与物质的相互作用既可以视为波和物质的作用，也可以视为光子和物质的作用。在实际应用当中，有时前者更方便，有时后者更方便。前面提到的沙滩球玩家打球的场景，其实就如同原子吸收光子、发射光子的行为。对于宇宙微波背景来说，目前宇宙每立方厘米中就有 400 个光子。既然已知这种辐射属于黑体辐射，那么弄清光子密度其实就等同于弄清温度。

我们无法先验性地认为宇宙起源于一个令人难以置信的高温状态。撇开宇宙微波背景不谈，由膨胀宇宙建立的整个图景表明，早期宇宙不一定有那么热，至少从理论上来讲，一个较冷的宇宙也能说得通。不过，正是由于宇宙微波背景的存在，我们才充分意识到，早期宇宙处于热平衡状态，炙热无比。下面来看看它的作用原理。

随着宇宙的膨胀，光的波长也会成正比增加。可以用弹簧玩具[1] 做一个类比：弹簧玩具完整地转一圈，就相当于光的一个波长。一开始玩具的弹簧只有 10 厘米长，后来延伸为 20 厘米。在弹簧翻转圈数不变的情况下，每次翻转所占用的空间增加了。这种情况就相当于宇宙膨胀了 2 倍，光的波长也随之延展了 2 倍。

1　　弹簧玩具，即 slinky，一种街头常见的玩具，常见于中小学门口的流动摊位，利用弹簧的可伸缩性不断反转，做出各种有趣的动作。——译者注

在朝着我们传输的过程中，包括宇宙微波背景在内，来自遥远天体的所有光的波长都会被拉伸。在观测遥远天体时，我们不仅会看到它们年轻时的样子，还会通过收到已被拉伸的波长看到它们。

还有一种办法可以帮助我们认知被拉伸的波长。想象公路上有一个正在巡逻的州警，手里拿着一把多普勒雷达枪对着你的车，想要看看你开得有多快。当雷达枪发出的光线抵达你的汽车并折返到州警身旁时，它的波长会稍微有所变化。如果你们两个人相向运动，波长会变短，这称为多普勒效应。之所以会出现这种现象，是因为在光线折返的过程中，你的汽车实际上变成了一个移动波源。和静止波源相比，移动波源发射出的波长会有所不同。通过对比去程和返程时波长的变化，州警就能知道你开得有多快。尽管波长变化并不大，但我们可以通过多普勒方程来精确计算其结果。相反，如果州警和你的汽车逆向而行，他会接收到一个变长的波长。由于红色位于可见光谱的尽头，是可见光中波长最长的颜色，我们便说这些光红移了。

利用遥远星系中可识别原子发出的光线的红移现象，哈勃和勒梅特确定了它们的速度。之前我们讨论过如何认知膨胀宇宙，其实这一内容还涉及一个非常有趣、非常精妙的问题。对于那些非常遥远的、比哈勃和勒梅特所熟知的天体还要远得多的、退行速度非常接近光速的天体，它们的准确速度无法用多普勒方程描述，即便是加上相对论效应的多普勒方程也不行。这些遥远天体的视向速度源于空间膨胀，需要用哈勃-勒梅特定律才能描述，该现象称为宇宙红移。现在把这些概念应用到我们已知的最遥远的光线，也就是宇宙微波背景当中。

如果我们可以回到过去，那么由于当时空间更为紧致，包括宇宙微波背景在内的所有波长都会减小。目前宇宙微波背景的温度是 2.725 K，根据维恩位移律可以算出，其辐射的主要波长为 3000/2.725，大约等于 1000 微米（图 2-1 中写为 0.1 厘米）。你可以证明，当宇宙变得更紧致时，普朗克公式的形式保持不变。不过想要做到这一点，宇宙的温度必须随着尺寸的减小而增加。现在回到宇宙紧致程度为当今 2 倍的时期，也就是 80 亿年前，此时宇宙微波背景的温度也是当今温度的 2 倍，约为 5.2 K：主波长是当今的一半，即 500 微米；每立方厘米中有 3200 个光子；光谱仍旧属于黑体辐射。

我们可以继续回溯，一直回到宇宙无比紧致的时候。大爆炸 40 万年后，宇宙紧致程度是当今的 1000 倍，宇宙微波背景温度为 2725 K，大约有太阳一半的热度。此时宇宙的能量刚好可以将氢原子中的电子从原子核中的质子附近分离出去。

现在我们更进一步，回到宇宙大爆炸之后 3 分钟，此时宇宙紧致程度大约是当今的 3.33 亿倍，温度为 10 亿开尔文，相应的辐射如此之强，以至氦核马上就要"散架"了。氦核中将质子和中子束缚在一起的能量，约为将电子和质子束缚在一起的能量的 100 万倍。故相应的辐射热度必须高 100 万倍，波长必须短 100 万倍，才能将氦核分裂开来。

在大爆炸后的 1/25000000 秒，宇宙紧致程度和热度又比刚才高了 3000 倍，此时中子和质子无法单独存在，宇宙处于一种"夸克-胶子等离子体"状态（夸克是构成质子和中子的基本粒子）。这种物态已经被科学家在纽约长岛的相对论重离子对撞机（RHIC）中复现。如果我们继续向前，回到宇宙紧致程度高达当今 5 亿亿倍的时期，也就是大爆炸后的兆亿分之一秒，就会发现光子的能量大致相当于瑞士日内瓦大型强子对撞机中质子碰撞所产生的能量，这也是目前人类创造出来的能量最高的基本粒子。不过这不算什么，利用宇宙，可以探索到更高的能量。

前文中我们一直在建立空间图景，现在我们把它和更热、更年轻的宇宙联系到一起。如果我们现在可以瞬移至宇宙任一位置，就会发现处处的温度都是 2.725 K，可以将其称为当今宇宙的温度。如果你回到宇宙紧致程度为当今 2 倍的时期，且保留了瞬移能力，就会发现空间任何一点的温度均为 5.2 K。某个处于该时期的星系要比现在年轻 80 亿年。假如我们在当今地球上观测到这同一个星系，会发现它年轻很多，波长也比预计的高出 1 倍，因为该星系发出光以后宇宙膨胀了。

我们测量宇宙微波背景时不禁会问，那些光是从哪儿来的？再来看看插图 5。自大爆炸以后，如今落在探测器上的那些光就一直在朝着我们运动。当时它运动的路径上还没有形成任何恒星或星系，地球当然也尚未形成。那时光线的能量更高，其行为仍然可以用普朗克公式来描述，只不过涉及的温度要比现在高得多得多。在光线朝着我们传播的过程中，宇宙膨胀了，波长拉伸了，辐射温度也降下来了。我们现在看到那些来自 138 亿年前的宇宙大爆炸的余晖，从概念上来讲和我们看见早已不复存在的恒星凭借超新星所发射出来的光线差不多。和超新星不同的是，宇宙微波背景从四面八方向我们袭来。

＊　＊　＊

总而言之，在宇宙史早期，也就是宇宙微波背景炙热无比的时期，它就是宇宙中最重要的能量形式。置身于当时的宇宙，就仿佛置身于一个热度难以想象的大陶窑中。由于宇宙在不断膨胀，如今宇宙微波背景已经冷却，变成暗暗发光的余晖，对当前宇宙的影响几乎可忽略不计。随着宇宙进一步膨胀，宇宙微波背景不断暗淡，物质变成宇宙最重要的能量密度形式，催生了一系列新现象。最重要的是，它在宇宙中形成了结构。在将各个板块合到一起之前，我们还得对物质进行更多的阐释。

物质与暗物质

那些被我们掌握了直接经验的物质，皆由质子、中子、电子组成，这些东西是原子的构件。原子之间一方面可以通过引力相互作用，另一方面也可以通过光子的交换，即通过波长各异的光线相互作用。诚然，世间还存在其他的基本粒子，也存在其他形式的力，不过其中大部分在日常生活中都见不到。

先来回顾几个和宇宙学密切相关、耳熟能详的粒子和原子。最简单的原子是氢，它包含一个带正电的位于原子核中的质子，一个围绕它旋转的带负电的电子，二者距离大约为万分之一微米，而质子的质量大约为电子的 2000 倍。如果将氢原子置于高温环境当中，电子就会被高能光子剥离开，质子和电子全部变成自由状态，这种情况下我们就说氢被电离了。第二简单的原子是氘，它仍然只有一个电子，但原子核中除一个质子外还多了一个中子。中子质量和质子差不多，呈电中性。因为氘和氢的质子数一样，我们把它称为氢的同位素，通常又称为"重氢"[1]。按照质量递增的顺序，下一个熟知的原子是氦，它位于元素周期表的第二位，原子核内有两个质子和两个中子，核外还环绕着两个电子。

所有其他元素都是由这些基本元素形成的，之后会详细说明。借助望远镜凝视夜空时，我们会看见从遥远星系上的各种原子发出的光线，这些原子在地球上也能找到。这里提到的原子可不仅局限于前文中提到的那几种，还包括很多更复杂的原子，甚至是分子。构成遥远星系的成分和构成人体的成分其实一模一样，这个简单的发现暗示着一个共同起源。

宇宙学中还有一个特别相关的基本粒子——中微子。顾名思义，和中子一样，中微子也是电中性的。此外，中微子几乎不与任何物质相互作用，它们是核衰变、核相互作用的产物。例如，平均而言，在十多分钟的时间内，一个自由中子会衰变成一个质子、一个电子、一个中微子。[2] 再例如，为太阳提供

1　　如果把水分子中的氢替换为氘，我们就可以得到所谓的"重水"，这种水可以应用于某些核电站。

2　　具体而言，中子会衰变成一个质子、一个电子、一个反电子中微子。在目前人们掌握的测量能力之内，还没有发现自由质子的衰变行为。

动力（同时维持地球生命）的聚变反应可以产生密度极高的中微子，仅一个指甲盖就有每秒 1000 亿个中微子穿行而过。对于中微子来说，我们就像筛子。当然，这些中微子也可以直接穿过地球。

由于几乎不与任何物质发生相互作用，中微子的研究难度非常之高。虽然我们知道中微子有三种类型，但不知道这三种类型的质量分别是多少，仅知道不同类型之间的质量差异。为了确定中微子的性质，世界各地正在同时进行多项实验。当前宇宙中有很多中微子，它们产生于早期宇宙的核相互作用，密度大约为 300 个 / 立方厘米，正在以光速的十之一二在宇宙中穿行。这意味着对于穿越人体的数量而言，这些中微子和来自太阳的中微子差不多。尽管远古中微子的数量几乎和宇宙微波背景的光子一样多，但尚未被检测到。

早期的宇宙十分简单。从质子和中子出现在夸克-胶子等离子体中，到大爆炸后 2 亿年第一批恒星的形成，其间已知物质最重要的形式就是质子、中子、电子、中微子及其反粒子。对于宇宙中的物质来说，一个处于不断冷却状态下的宇宙的演化行为，主要由处于不断冷却的环境中的四种粒子相互作用、宇宙微波背景的光子、来自暗物质的引力吸引决定。

暗物质

如果你抬头仰望夜空，观察了一段时间，发现有一颗遥远的恒星正沿着一个姑且假设直径为两个满月（1 度）的圆形轨道行进，就会立即得出结论，认为它一定在绕着另一个天体运动。想要让一个物体做圆周运动，必须要有一个施加于它的力。[1]在宇宙当中，这种力就是引力。之后你会调整望远镜来寻找这个尚未被发现的伴星，因为你确信附近一定存在某种东西正在对该恒星施加引力。换句话说，附近存在"缺失物质"，这种物质可能是一个黑洞，也可能是一颗你一开始并没有注意到的暗星。

几十年来，针对其他不同系统和更加隐蔽的几何结构，天文学家们一直在进行和上述模式差不多的观测行为（不过观测手段更为巧妙）。在宇宙学史当中，弗里茨·兹威基根据对后发星系团中星系的观测结果，于1933年首次提出了"缺失物质"的存在，之后该概念又被科学家们不断补充和完善。特别需要注意的是对仙女星系（一个极佳的观测目标，因为它离我们不远，而且看起来非常大，参见图1-2）中恒星轨道速度、恒星形成区域、氢气扩散行为的观测。1970年，薇拉·鲁宾和肯特·福特表明，他们观测到的恒星速度和之前测量出的氢气扩散速度相吻合。随后各种针对仙女星系中观测恒星和观测气体的速度模型表明，为了给测得速度一个合理的解释，除高光度星和扩散气体之外，宇宙中必定还存在某些其他物质。可将该情形推广至一般情况：近至银河系，远至星系和星系群，无论多大规模的系统，天文学家们发现，可观测物质的总数都不足以解释恒星和星系的运动。

这些"缺失物质"数量不少，影响也很大。观测结果表明，

---

1   根据牛顿第二定律可以得出该结论。

"缺失的物质"的数量高达可观测物质的 5 倍以上。通过测量宇宙微波背景中的空间变化，可以很好地处理这一问题，不过第三章再讨论，这里把重点放在"缺失的物质"中那些和宇宙微波背景无关的特征上面。

由于一直找不到这些"缺失物质"，在经历多种证据链以及成千上万名科学家的分析之后，我们不得不承认，宇宙中一定存在某种新的、不可见的物质形式，也就是暗物质。某种程度上而言，这种结论是由排除法得出来的，因为我们知晓它不是什么。首先，这些东西不可能是像"一群木星"一样的、光线太暗以至我们根本看不见的行星群。其次，这些东西也不可能是像氢气、人体一样由原子构成的物质。再次，这些东西也不可能是某种人类已知的黑洞。最后，就算宇宙中的中微子数量几乎和宇宙微波背景的光子一样多，这些"缺失物质"也不可能属于三种中微子当中的任何一种。

有人假设那些"缺失物质"是一种新型基本粒子，也有人说它们可能是一族新粒子，还有可能是好几个族新粒子，甚至可能是各种不同类型粒子的混合物。通常把这些可能性统称为"暗物质"。如果暗物质是某种粒子，那我们根本不知道这种粒子如何与其他粒子相互作用，甚至不知道当两个暗物质粒子碰撞时会发生什么。我们知道，它几乎不与光子发生明显反应，这也是它被称为"暗物质"的一个原因。从观测结果上来看，唯一的收获就是暗物质会在引力的影响下相互作用。暗物质的属性是一个巨大的谜团，毫无疑问，暗物质大量存在于我们的宇宙之间，不同于任何我们在实验室中遇到的物质形式。

天文学上有很多清晰观测可以说明暗物质的存在，而插图 6 所示的子弹星系团正是其中之一。实际上，这幅图展示了两个星系团彼此碰撞，然后相互穿过对方的过程。图中右侧那一团粉红色就是"子弹"。在二者碰撞之前，星系团中充满了由高温扩散气体、各星系中的恒星以及暗物质组成的均匀混合物。在这两个星系团中，高温气体的总质量要比组成各星系的恒星的总质量高得多，而暗物质的总质量又比高温气体的总质量高得多。当星系团发生碰撞时，各星系和暗物质彼此擦肩而过，几乎毫发无损，而气体之间会发生相互作用。不妨做个类比：你的双手中分别攥了一把小卵石，然后彼此扔向对方，它们的行进轨迹会相互交叉，但多数小卵石不会发生碰撞。这些小卵石就代表着那些星系和暗物质。反过来，如果你拿着两根水管朝着同一交汇点喷水，喷出来的水流就会彼此碰撞，相互作用。这些水流就如同于前面的高温气体。

星系团中气体的温度高达 1000 万开尔文，如此的高温会迫使这些气体发射出 X 射线，NASA（美国国家航空航天局）的钱德拉 X 射线天文台成功观测到这些射线的存在。插图 6 中这些高温气体呈粉色。准确来说，这些粉色向我们展示了大多数正常物质的位置，而蓝色代表暗物质和星系的存在，其中暗物质占据了相当高的比例。那么我们是怎么分辨出这些物质的呢？回答这个问题之前我们卖个关子，先来讨论光线的弯曲。

回到空间的问题。空间不仅会膨胀，它也可以被弯曲，或者说扭曲。遥远的恒星会向我们发射很多光线，如果某条光线的行进路径离太阳很近，这条路径会发生微小的偏折。这可理解为太阳对光线的引力曳引。不妨站在另一个角度更好地理解这个现象：太阳周边的空间被扭曲了，来自遥远恒星的光线只是找了一条最好走的路，[1]如图2-2所示。由大质量引力场引起的光线弯曲，其实和相机透镜引起的光线弯曲很像，因此该现象又被称为"引力透镜效应"。你可以通过光线的弯曲程度判断出附近的质量有多少。

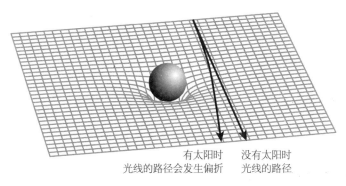

有太阳时   没有太阳时
光线的路径会发生偏折   光线的路径

图 2-2   二维空间光线弯曲示例。图像中心的圆球代表太阳，它扭曲空间的方式其实和橡胶板上的保龄球差不多。太阳附近光线的路径，类似于保龄球附近快速滚动的小石子的行进路径。小石子原本沿着二维橡胶板的轮廓线运动，经过保龄球时路径发生偏折，不再是一条直线，而是沿着最简单、最轻松的路径行进。同样，在三维空间中，太阳附近的光线也沿着最简单、最轻松的路径行进。受三维空间曲率的影响，或者说受重力影响，它的路径发生了偏折。为了给大家呈现更好的展示效果，图像特意放大了偏折程度。

现在我们就可以理解插图 6 中的蓝色区域发生了什么。子

---

1   在广义相对论中，对大质量天体周边空间的描述，以及对宇宙几何结构的描述，二者在数学表达上有本质区别。对于经过某天体的光线而言，引力对通行时间的影响也是不可忽视的。

弹星系团后面很远的地方存在大量星系，光线需要经过子弹星系团才能抵达我们的观测设备。分析这些遥远星系的"扭曲程度"之后，可以得出子弹星系团中的透镜效应强度和质量分布。图像表明，大多数质量分布于两个区域。这幅图像最重要的一点就是，暗物质明显和正常物质区分开来。高温扩散气体在碰撞过程中相互作用，然后被留在了后面。

在物理学中，搜寻暗物质是一个相当活跃的研究领域。为了直接探测到暗物质，多项科学实验正在如火如荼地进行。有些实验使用锗、氙或氩作为靶原子，试图找到发生直接碰撞的暗物质粒子。为了将靶原子和那些无法轻易穿透地球的已知粒子隔开，这类实验通常都在地下深处进行。除此之外，还有很多其他类型的实验，正在尝试用各种方法搜寻各种不同的作用方式，以及各种不同形式的暗物质。无论是那些尚未给出结果的检测中，还是那些已经有了结果但还没有经过进一步审查的检测中，均有迹象表明暗物质可能真的存在。不过直到2019年，我们都还没有收获任何一次证据确凿的直接检测结果。科学家们现在对大型强子对撞机寄予了厚望，希望能在其中检测到暗物质粒子。

大多数新发现的基本粒子都来自粒子加速器，而大型强子对撞机正是以粒子加速器为前身发展而来的。目前物理学中存在一个相当成功的"粒子物理标准模型"，涉及17种不同的基本粒子，包括组成质子和中子的夸克、电子、中微子，以及最近才被证实的希格斯玻色子。尽管这套模型非常全面，具有可预测性，经历了大量实验的检验，但我们很清楚，粒子物理标准模型并不完备，因为这些基本粒子还有很多无法确定的物理量，比如中微子的质量。我们希望，实验室中对暗物质的探测及其性质的研究可以帮助我们进一步完善粒子物理模型。

有没有可能，世界上根本不存在什么暗物质粒子，而是我们的物理定律不完备？目前已经有很多人开始研究广义相对论在大尺度宇宙上是不是存在问题，宇宙中会不会并不存在什么"缺失物质"，而是存在某种尚未被发现的可以解释我们观测结果的力？这些新理论通常被统称为"修正牛顿动力学"（MOdified Newtonian Dynamics，缩写为 MOND）。幸运的是，MOND 给出了可以用实验验证的预言，其中有不少预言和目前的观测结果背道而行。另外，还没有发现任何不符合广义相对论的现象。因此绝大多数的宇宙学家并不同意 MOND。当然我们也承认，宇宙中的确可能存在某些未知的力、某些未知的物理定律，只是还没被我们发现。

宇宙学常数

之前我们给出了当前宇宙膨胀速度的近似值，即每隔 100 万光年的距离，速度就增加 15 英里 / 秒。由此推算，1000 万光年之外的星系正在以 150 英里 / 秒的速度远离我们。20 世纪 90 年代晚期，科学家们发现宇宙膨胀速率在变快。换句话说，宇宙膨胀正在不断提速。如果在接下来的 10 亿年中，某个星系的退行速度为 156 英里 / 秒，那么 10 亿年前，该星系的退行速度只有 144 英里 / 秒。[1]

这一重要观测结果由两个独立的科学团队完成，分别为超新星宇宙学计划和高红移超新星搜索队，其成果得到了其他科学家的证实。顾名思义，这两个团队以超新星为媒介，观测了当时只有几十亿岁的宇宙。观测技巧在于找到那些可以精准确定距离和速度的天体，然后将当时的宇宙膨胀速率和当前的宇宙膨胀速率做比较。

空间正以一个不断提速的步调在宇宙中生成，这样的观点可以帮助我们认知刚才的结论。之所以会采用这种思考方式，不仅是因为"不断膨胀的空间充斥整个宇宙"的概念可以很方便地帮助我们认知宇宙的膨胀，还因为我们现在几乎别无选择。在静态空间中，我们设想有两个星系正在以近乎恒定的速度彼此远离，二者的速度只会因引力吸引而稍稍减慢。不过我们无论如何也找不到它们加速远离的原因，因为加速需要外力，而在静态空间中唯一的外力就是引力，这样一来宇宙的膨胀只会不断减缓。

那么问题来了，为什么空间以加速速率在生成？我们不知道答案。不过我们知道，这意味着在空间中，或者说在真空中，似乎存在某种与之关联的能量密度。这种能量密度扮演着"压力"的角色，会迫使宇宙不断膨胀，换句话说，会迫使"空间不断膨胀"。该能量密度可以量化为一个宇宙学常数，用希腊字母 Λ 表示，读作 Lambda。这是一个新的自然常数。不过从

---

1   一个持续加速的宇宙，对应着一个接近于常数的哈勃参数。这是因为哈勃参数是宇宙膨胀速率除以宇宙标度因子之后的结果（参见附录 C）。

某种意义来讲，它可能不算是一个真正的常数。

早在哈勃的观测成果之前，爱因斯坦就于 1917 年引入了 Λ 的概念。他认为宇宙是静态的，也就是说，并非如哈勃观测所显示的膨胀。想要理解他的动机，不妨先看一个例子。设想宇宙中有两个孤立的星系，受引力影响它们会彼此靠近，如果不加以干涉，它们最终会撞到一起。宇宙学常数为这两个星系提供了一种"压力"，可以平衡二者之间引力吸引，让两个星系各就其位。我们可以把这种情况拓展到整个宇宙的所有星系当中。不过在哈勃获得观测结果之后，爱因斯坦放弃了 Λ 的构想。今天我们知道，爱因斯坦设想的"压力"其实真的存在，而且比他想象中的大很多。

除宇宙学常数之外，还有很多其他理论可以解释宇宙的加速膨胀。通常来说，这些理论也会假定宇宙中存在某种并非恒定的"暗能量"。此外，这些理论可以预言宇宙年龄和膨胀加速度之间的关系，有很多实验正在检验这些预言正确与否。目前来看，我们不知道暗能量到底算不算一种物质，也不知道它在整个宇宙当中是否恒定不变。或者，也没准儿是物理学某条理论存在基本性缺陷。迄今为止，和全部数据相吻合、最直接、最简约的理论就是，空间可以用宇宙学常数来描述，这个常数不随时间或空间发生任何改变。既然如此，不妨先接受这种观点。

宇宙学常数的存在可以说是意义非凡。它不属于任何基础物理学，和地球上的生命或物理进程毫无关联。目前人类没有任何实验手段可以对其进行精准测量。它是人们为了量化宇宙加速膨胀行为而构想出来的一个常数，这个常数提醒我们，宇宙中存在某种与空间相关联的能量密度，或者某种压力。

对于宇宙的未来，这意味着什么？我们暂且不管导论中的一些预测骇人言词并且外推。如果你在公路上开车，且加速度恒定，那么你当然会越来越快。对于宇宙来说情况很类似，不过更加极端。在宇宙当中，各星系之间的空间正在以指数方式增长。很明显，如今相隔很远的那些星系，其退行速度不久之后就会超过光速。有时我们会用一些类比来帮助大家理解膨胀宇宙，不过这种情况下很多类比都派不上用场，比如前文提到的橡胶板，它无法像膨胀宇宙那样行事，因为这有违物理定律。严格来说，我们身旁根本不存在任何能够像宇宙一样膨胀的实体物质。

狭义相对论要求信息和有质量粒子不能以超过光速的速度在不同地点之间传递，因此狭义相对论和加速膨胀之间不存在任何矛盾。对于星系来说，它们周边空间的膨胀速度的确在以指数级增长，但也仅仅如此，没有任何信息的传播速度可以超过光速。从银河系的视角来看，如今我们能够观测到的那些遥远星系早晚有一天会淡出我们的视野。我们不知道这种膨胀会持续多长时间。

总结一下之前的内容。现在我们了解了宇宙的构成，向前迈出了重要一步。目前我们还不明白科学家们为什么能精确分析出宇宙各成分的占比，不过不必着急，第四章中会有详细说明。我们可以用一张饼图来总结宇宙构成：当前时期，原子占饼图的 5%，暗物质占 25%，宇宙学常数占 70%。至于辐射，它的占比还不到 0.01%，无关紧要。随着宇宙不断演化，这张饼图也会不断变化。早期宇宙中，辐射占主导地位，其他成分微不足道。接着，物质夺取了主导地位。对于当前的宇宙来说，宇宙学常数才是重中之重。未来宇宙学常数的地位会越来越重要，哪怕把原子和暗物质加在一起也难以望其项背。

我们可以将宇宙这些组分和宇宙平均能量密度联系起来。整个饼图对应的有效能量密度为 5.5 个质子 / 立方米（可用 $E=mc^2$ 把质量转换为等效能量），其中 1.5 个质子代表所有的物质（包括暗物质和我们熟知的物质），其余 4 个质子代表宇宙学常数。当然，宇宙中并不存在半个质子，不过这一类比可以很形象地说明质量的分布。现在我们在代表物质的 1.5 个质子旁边，用假想的墙围出一个 1 立方米的空间，然后让宇宙膨胀为当前的 2 倍。这样一来，墙内的体积变成之前的 8 倍，而里面的质量没有任何变化，因此平均密度大约降到 0.2 个质子 / 立方米。那么问题来了，代表宇宙学常数的有效质量密度变成了多少？答案是它并没有变化，仍旧为 4 个有效质子 / 立方米！看上去真空中确实存在某种和宇宙学常数相关的能量密度，这也是将其放进刚才饼图的原因。由此我们也就明白了为什么随着时间的流逝，宇宙学常数的占比越来越高。当宇宙膨胀 2 倍时，饼图产生的变化就已经很可观了：所有物质只占 5%，宇宙学常数占 95%。

一旦知道了宇宙的构成以及当今的哈勃常数，就可以得出宇宙各时期的紧致程度（和温度），这些结果来自亚历山大·弗里德曼在 1922 年根据广义相对论推算出的弗里德曼方程的解。把物质密度、辐射密度、跟宇宙学常数相关的能量密度代入方程，就能够以今天的数值为基准，给出哈勃参数和宇宙年龄之间的对应关系。图1-5针对某个1.1亿光年之外的星系给出了弗里德曼方程的解。从图中可见，在大爆炸之后的前20亿年里，该星系的退行速度非常之快；然而受引力吸引影响，在接下来的60亿年中退行速度变慢了；如今在宇宙学常数的影响下，它的退行速度又开始不断攀升。

能够得到这样的解，已经算得上是一个了不起的成就。不过我们对宇宙的了解要比这全面得多，宇宙学模型的意义也远不止了解各时期的紧致程度那么简单。比如，我们还可以弄明白宇宙为什么会长这个样子，下面就来分析一下。

结构形成与宇宙时间线

在第一章，我们介绍了膨胀宇宙，后来又介绍了宇宙的主要构成，现在把这两个框架拼到一起。本节的目标，就是让大家对"结构"形成有一个大概的了解。所谓结构，指的是受引力影响而聚集到一起的天体。这些天体五花八门，包罗万象，各种尺寸的恒星、星系、星系团全部包括在内。从图1-2和插图4可以看出，天体之间的空间非常广袤，异常寒冷。与之相反，早期宇宙是由热辐射（宇宙微波背景光子）、电子、质子、中子、中微子、暗物质构成的相对均匀的"原始汤"。宇宙如何从一种状态变成另一种状态？或者说，结构是如何形成并演化的？尽管目前还有很多细节没有摸清，比如我们尚不知道星系如何形成，但天文学家们已经掌握了宇宙发展的大致脉络，可以回答为何能够在规模巨大的质量中形成各种结构、其过程是如何开始的等问题。请记住，这是一个相当活跃的研究领域，我们只讨论结构形成过程中那些和宇宙微波背景以及标准宇宙学模型相关的、已经充分确立的关键内容。

现在看看大爆炸 5 分钟后发生了什么。此时宇宙的温度接近 10 亿开尔文，膨胀速率高达当今的 300 万倍。相比之下，宇宙学常数显得微不足道，因为它的能量密度远低于其他任何物质。在如此炙热、温度接近太阳中心 70 倍的环境中，物质的属性当然不同寻常，科学家们对此已经有了透彻的理解。从质量上来看，宇宙中 75% 的原子为氢，25% 的原子为氦，跟如今的比例其实差不多。早在大爆炸后的 3 分钟内，这一比例就已经由质子、中子、中微子之间的核反应速率确定下来，不过这一话题按下不表。

起初，这些原始原子核同电子和光子一起处于气体当中，由于温度太高，它们无法形成中性原子。这种气体又被称为"等离子体"，有时也被称为继固态、液态、气态之后的物质第四态。对于宇宙中这些等离子体来说，每一个电子都对应着将近 20 亿个宇宙微波背景光子，每一个质子都对应着质量是其 5 倍多的暗物质粒子。那些中微子只会参与核反应，除此之外并不直接参与该阶段的结构形成，因为它们几乎不与其他物质相互作用，移动速度也快得离谱。

既然已经掌握宇宙的成分和状态，我们就可以着手研究相关的物理进程了。现在暂时将膨胀宇宙概念放置一旁，想象一条无限长的一维直线，上面布满了质量相等、间距相等、固定不动的物体。假设这些物体之间只有引力，在引力的作用下，它们会彼此靠近。当然，这个系统并不稳定，因为引力只会产生吸引作用。这种情况下只需随便挑一个物体，把它稍微向右移动一点点，让它和右侧的邻居更近，和左侧的邻居更远，由于引力大小和距离成反比，右侧邻居对它产生的引力比一开始左侧邻居对它产生的引力大得多，这个物体就会和右侧邻居产生相向运动。无论哪一处发生变化，整个系统都会变得不稳定，大量质量便会随之聚集到一起。

宇宙结构形成背后的物理过程，全部处于引力不稳定的状态之下。我们需要一颗"种子"激发这一过程，之后那些由暗物质和等离子体构成的均匀气体便会自发地形成结构。当然，刚才的一维模型过于简单，在真实情况中，必须考虑宇宙高速膨胀宇宙的特性以及其中所有成分。现在详细分析一下这个物理过程，至于"种子"的来源则留到第四章第二节再讲。

同一时间内，宇宙中存在很多物理过程。在第一种过程中，激发结构形成的"种子"，会迫使大量暗物质聚集成群，不过在最初的 5 万年中结构还无法形成，因为这段时间内宇宙的膨胀速度实在太快了。以一维直线模型为例，虽然各个质量体开始相互吸引，彼此靠近，但由于宇宙膨胀太快，它们无法聚到一起。在此期间宇宙中还存在第二种物理过程，电子和宇宙微波背景光子之间会发生强烈的相互作用，不断地彼此散射。这就好比在浓雾当中，光线会在水蒸气之间散射来散射去，以至无论从哪个方向来看景象都差不多，而且可视距离极其有限。在第三种物理过程中，由于电荷同性相斥、异性相吸的特性，带负电的电子会吸引带正电的质子（氢核与氦核中的质子）。需要记住，宇宙微波背景和电子的相互作用效率最高，一是因为它们的质量比质子小很多，二是因为虽然电子会吸引质子，但当时的环境实在是太热了，以至所有的原子都会瞬间电离，二者之间根本无法结合成原子。后两种物理过程中的相互作用力比引力强得多，就算宇宙膨胀速度没有那么快，等离子体中的各种粒子也不会聚集到一起。电子和质子还会和辐射发生强烈作用，这也会阻止它们聚到一起。需要再次强调，这三种物理过程——聚集、散射、电子吸引——全部同时发生。

随着宇宙的不断膨胀，辐射会逐渐降温，膨胀速度也会不断下降。大爆炸 5 万年之后没多久，物质便在能量密度中占据主导地位，宇宙膨胀速度也已经足够慢，暗物质开始聚集成群。不过此时的温度仍旧太高，等离子体中的粒子还无法聚集到一起。宇宙微波背景和电子之间的相互作用已经超过引力。

在大爆炸 40 万年后，宇宙温度已经足够低，氢原子开始逐步形成。在相对较短的时间内，电子和质子结合到了一起。当电子自由时，它可以和任何波段的辐射发生作用；当电子被质子束缚时，它和辐射的作用就会受到限制，因为束缚电子必须遵从原子物理定律。二者结合后没多久，电子就不再散射宇宙微波背景，第二、第三种物理过程随之停止。光子不再散射，氢原子逐渐形成（氦原子也经历了类似的过程，不过时间上要更早一些）。由于大爆炸 5 万年后暗物质开始簇聚，此时宇宙中形成很多质量凝结体，大量原子落入暗物质结构。

各区域的暗物质群质量都差不多，差异很小，彼此之间一般只相差万分之几，大致相当于小拇指和你体重之间的比例。以上便是原子开始簇聚的前提条件。

　　氢原子形成的这段时期可以称为"退耦"，因为在此期间宇宙微波背景光子会和之前束缚在原子内的电子退耦，即二者之间停止了相互作用。之后，这些光子便可以自由翱翔于宇宙。这就好比浓雾散去，阻碍不再，来自遥远海岸的光线直通你的眼眸。据此可以估计，只有某些处于这一过程最后散射、穿越半个可观测宇宙的光子，才能被人类的探测器捕捉到。它们给我们带来了138亿年前（再减掉40万年）宇宙的画面，就像那些自遥远星系传来的光线，能为我们提供一幅该星系的"青年期自画像"。主要区别在于，宇宙微波背景出发的时间更早，当时恒星和星系尚未形成，物质刚刚开始形成结构。这也是宇宙微波背景有时又被称为"婴儿期宇宙图像"的原因。

　　退耦之后，宇宙处于电中性状态，进入一个被人们戏称为"黑暗时期"的阶段（见插图5），因为此时宇宙中没有闪闪发光的恒星，而且由于宇宙不断膨胀，宇宙微波背景的温度已经足够低，无法发出可见辐射了。在此期间，原子继续坠向暗物质群。在引力失稳的帮助下，无论是恒星大小的规模，还是包含了无数原星系的巨大丝状结构这样的规模，每一处的物质都在聚集成群。不过要说最早形成的天体，那就只能是恒星了。它们点亮了宇宙，结束了黑暗时期。

　　恒星形成大约于大爆炸之后2亿年。第一批恒星由氢和氦构成，这些氢和氦在位于内核的核聚变过程中又形成很多更重的元素，比如碳、氮、氧。这些恒星在超新星中逐渐衰老并发生爆炸，将那些重元素喷射到宇宙各处。我们的身体就是由这些重元素构成的。目前有很多科学项目正在试图找出这些恒星留下的蛛丝马迹，其中某些恒星甚至已经变成黑洞，不过这并不妨碍我们的搜寻工作，因为那些已被人类发现的余烬可以证明它们的存在。后来形成的那些恒星，比如太阳，[1] 它们的表面存在很多比氦重的元素，而在第一批恒星问世以前，宇宙中根本不可能有这么多重元素。正如琼尼·米歇尔于 1969 年在歌中所唱的，"我们是星尘，体内流淌着 10 亿年前的碳元素"。虽然这首歌问世以后人类掌握的宇宙知识已经远超从前，但"我们是星尘，体内流淌着 10 亿年前的碳元素"这句歌词却从未褪色。

我们还知道，第一批恒星给宇宙留下了极高的能量，能够以高能光子轰击的方式将电子从氢核（质子）附近剥离。也就是说，宇宙始于无结构的电离化等离子体，退耦之后变成由氢和氦组成的中性气体，后来在 5 亿~10 亿岁之间，受第一批恒星的影响，宇宙又被电离了。此时宇宙已经膨胀得很大，宇宙微波背景也冷却下来，结构持续生成。此外，这次再电离过程也在宇宙中留下了很多线索，比如科学家们在宇宙微波背景中发现，新获自由的电子散射了 5%~8% 的宇宙微波背景光子。和第一批恒星的形成过程一样，再电离过程也是异常复杂的，还没有被充分认识，仍然算是一个活跃的研究领域。总之，我

---

[1]　太阳的年龄为 46 亿年，当前的物质状态预计还能维持 50 亿年。另外，它的质量不够大，不足以形成超新星。

们之所以知道存在这样一个过程，是因为如今星系际空间仍然处于电离状态。

随着宇宙年龄的不断增长，大量新恒星不断生成，星系开始形成，星系团也逐步发展壮大。很多巨大无比的结构直到今天还在继续扩张。尽管我们在介绍这些过程时遵循了某种顺序，但实际上各个尺度、各个规模的结构形成过程都是同时发生的。

乍一看，我们对结构形成方案以及宇宙时间线的描述似乎有点做作且过于详细。不过，所有结论涉及的物理定律都清晰明了，已经经受各种检验。该模型也可以给出合理的预言，目前有很多科学实验正在检验这些预言正确与否。我们描绘的这幅图景完全基于各种探测结果。我们有各种类型的望远镜，它们对准了宇宙不同时期的各种结构，可以帮助我们认知宇宙演化进程。退一步说，就算我们搞错了引力效应，就算宇宙学常数并不恒定，就算我们误测了质子和暗物质的比例，就算我们漏掉了某个新的物理过程或新粒子，就算中微子在结构形成过程中其实举足轻重，我们也能凭借以探测宇宙结构进化史为目的的那些持续不断的科学实验，获得更具体的观测结果，修正得出更准确的结论。我们对上述方案如此自信其实有很多原因，其中之一就是我们确切知道整个进程的具体开端，这也是我们从宇宙微波背景各向异性中得到的重要收获之一，下一章就围绕这一话题展开。

第三章

描绘宇宙微波背景

宇宙学中我们可以给出很多非常详尽的数学关系，比如宇宙能量密度和时间的关系、氢和氦的比例、各个物理过程的时期，因为这些物理量能够以特征化、可测量的方式对宇宙微波背景产生影响。想要知道如何获取这些成果，就得将目光集中在夜空中，集中在不同位置之间那些细微的温度差异上。温度随位置而变化，这种现象被称为温度的各向异性（anisotropy）。"anisotropic"这个单词由两部分构成，其中"isotropic"指的是"无论从哪个方向测量都能得到相同数值的物理量"，也就是各向同性，而"anisotropic"是"isotropic"的反义词。尽管宇宙微波背景具有各向异性的特点，但天空不同方向的温度差异非常小，一般只有万分之一开尔文，差距连 0.003% 都不到。

威尔金森微波各向异性探测器和普朗克卫星等高精度探测结果均表明了宇宙微波背景的各向异性。这些实验项目绘制的地图通常以莫尔韦德投影的方式呈现，莫尔韦德投影旨在将分布于球体（比如地球）表面的物体，用一张平铺的纸重新绘制出来。图 3-1 就是地球的莫尔韦德投影，其中赤道沿地图中线水平延伸，北极在上，南极在下。

图 3-1　左图为地球表面的莫尔韦德投影地图（图片来源：Daniel R. Strebe，2011 年 8 月 15 日）。右图为由 COBE/DMR 于 0.6 厘米波长下测得的宇宙微波背景偶极子莫尔韦德投影地图（图片来源：NASA/COBE 科学团队）。对于我们的宇宙参考系而言，太阳系正在从左下方的黑暗区域朝着右上方的光亮区域移动，速度为光速的 0.1%。银河平面的部分区域只有在该温度范围内才能被看到，比如中间靠左的圆圈就是插图 3 中的天鹅座区域。尽管两张地图都采用了莫尔韦德投影，但地球赤道在空中的方向较银河平面大约倾斜了 50°，参见图 1-1。

插图 7 展示了分别由威尔金森微波各向异性探测器和普朗克卫星绘制的两张地图。和图 3-1 相比，插图 7 中两张地图的角度是自地球望向天空，而图 3-1 左侧地图的角度则是自太空俯视地球。经过人为调整之后，这些地图中的赤道刚好和银河对齐。[1] 图片的中心区域代表银河系的中心区域；顶部是"北银极"，底部是"南银极"。威尔金森微波各向异性探测器地图在 0.5 厘米（5000 微米）的波长下绘制而成，而普朗克卫星地图在 0.2 厘米的波长下绘制而成。事实上，这两颗卫星都绘制了很多不同波长下的地图，我们选出来的只是比较有代表性的两张。通常来说，普朗克地图比威尔金森地图精度更高，不过

1　插图 7 中，两张地图中部均有一条水平红色光带，它和插图 2 中的 GP（银道面）、插图 3 中的水平红色光带是同一个东西。

一旦你的视线从银河赤道移开，两张地图就会展现出惊人的相似性。

威尔金森微波各向异性探测器和普朗克卫星都没有直接测量宇宙微波背景的绝对温度，否则为了展现宇宙微波背景温度，整个地图将会变成一种纯色。这些卫星只会测量各处与平均温度 2.725 K 的偏差。如图 3-1 所示，最大的空间温差被称为宇宙微波背景偶极子，在制作插图 7 时，会把这个偶极子去掉，因为偶极子的温差为 1/33500000000 K，把它也放进去的话，整张图会过于饱和。之所以会出现偶极子，是因为卫星相对于宇宙微波背景有一个净速度。从多普勒效应可以想到，如果你朝着黑体运动，它看起来会更热一些；如果背离黑体运动，它看起来会更冷一些。如此一来，只要朝着四周看一看，你就能判断出自身相对于黑体是否处于静态。

偶极子的存在让我们对宇宙有了一个全新的认知，这意味着有一个通用的宇宙参考系，而且不违背任何物理定律，因为我们只是定义了一个参考系。若不考虑因宇宙膨胀引起的运动，则各星系相对于这同一个参考系处于静止状态。在这个参考系当中，大多数星系相对于这个参考系拥有自己的速度，银河系也不例外。相对于此宇宙参考系，我们的净速度大约为光速的 0.1%。对于宇宙的其他部分来说，我们移动的速度相当快。主要成分包括：地球围绕太阳的运动（大约为光速的 0.01%），太阳围绕银心的运动（大约为光速的 0.08%），银河系在本星系群中的运动，以及本星系群相对于其余星系的运动。这些运动的速度和方向各不相同，故你在叠加时需要格外细心。

对于宇宙微波背景的测量来说，地球围绕太阳运动这一成分显得尤其重要，它又被称为轨道偶极子，可以帮助我们对测量仪器进行高精度的校准。由于地球速度可以独立于宇宙微波背景进行精准测量，我们可以对轨道偶极子的偏差幅度做出类似精度的预测，大约为 1/2700000 K。需要利用卫星对整个偶极子中地球绕太阳运动这一构成因素进行一整年的观测。用地球绕太阳的运动来考虑校准来自宇宙边缘的光线之间的细微差异，是令人满意的。

插图 7 中下方的色条展示了与平均值的偏离程度。现在考察第一张图中第一条虚线上方和第二条虚线下方两部分。有些地方的温度高于平均值——最红的那些地方的温度约为 2.7253 K（略高于绝对零度），有些地方的温度低于平均值——最蓝的那些地方的温度约为 2.7247 K（稍低于绝对零度）。之所以使用"略高于、稍低于"这样的描述方式，是因为这些颜色位于色条的末端。插图 7 中两张图的赤道附近都有一条温度较高的红色条带，它就是银河系在这些波段发出的辐射。之前在插图 1 中，曾给出一张去掉了"银河系辐射"的图像，现在把该图的完整版展示给大家，这样一来你就能够以更广的波段认知银河系，还可以想想它和宇宙微波背景各向异性之间的联系。为了理解宇宙学，银河系等星系的辐射其实不利于我们的观测实验，甚至可以算得上是某种"污染"。

测量宇宙微波背景

在深入介绍插图 7 中两幅图的前因后果之前，先看看那些与之相关的测量工作。宇宙微波背景最初由阿诺·彭齐亚斯和罗伯特·威尔逊于 1965 年发现。当时他们在位于新泽西州霍姆德尔市、隶属于贝尔实验室的克劳福德山实验室进行科研工作，使用的仪器是一个原本被设计成用来接收通信卫星信号的望远镜。凭借当时最先进、经过完美校准的接收器，他们检测到了一个出乎意料的信号：整个天空都在以 3.5 K 的温度暗暗发光。相信这些信号来自宇宙，最重要的一个理由就是这些信号在所有方向上都一模一样。[1] 自此，宇宙微波背景又经历了各种不同的探测手段。我们对宇宙微波背景能带给人类的东西寄予了深切希望，这种希望催生了层出不穷的新技术和令人眼花缭乱的科学仪器，不仅可以测量绝对温度，还可以探测各向异性。这里把重点放在对各向异性的探测上，因为我们能从这信号中剖析出超乎想象的宇宙知识。

20 世纪 60 年代后期，为了探寻千分之一开尔文的温差，科学家们启动了大量处于室温状态的单体探测器对天空进行扫描。如今，我们的探测设备已经大有改善，可以把成千上万个探测器集中起来，降温至只比绝对零度高十分之一度的低温，24 小时不间断运行，从而探测到百万分

1　皮布尔斯、佩奇、帕特里奇合写过一本书《发现宇宙大爆炸》(Finding the Big Bang)，由剑桥大学出版社于 2009 年出版。在这本书中，可以就宇宙微波背景的发现和解释（包括彭齐亚斯和威尔逊的撰稿）找到大量第一手资料。整个故事充满了错失良机、误入歧途的桥段，展现了确定科学事实过程中至情人性的一面。

之一开尔文甚至更小的温差。探测面临的一个挑战是测量天空中不同位置细微的温差，这是因为探测器处于 300 K 的环境当中，几乎比信号热 10 亿倍。幸运的是，技术一直不断进步，就连那些已经达到实验要求的技术也在不断完善、提高。

从图 2-1 可见，宇宙微波背景光线虽在 0.1 厘米左右的波长最强，不过其发光波段范围很广。如果站在地球大气层外，将视线从银道面移开，你就会发现在 0.05~30 厘米的波长范围内，宇宙微波背景比天空中的任何物体都要亮。若你所处的位置海拔较低，则大气中的水蒸气会让你的观测活动无功而返，就算勉强观测到了什么也会面临巨大的视野阻碍，尤其是在小于 0.3 厘米的波长内。如此一来，科研人员们就不得不把自己的探测仪器架设在更高、更干燥的地方，比如加利福尼亚州的白山、智利的安第斯山脉、南极，甚至用气球将探测设备升到空中。不过观测宇宙微波背景的终极平台还是卫星。

用来探测宇宙微波背景和红外辐射的第一颗卫星[1]，就是我们在第一章第一节中提到过的来自 NASA 的宇宙背景探测器（COBE）。再之后就是威尔金森微波各向异性探测器（WMAP），最后是普朗克卫星。我们会将更多的笔墨留给后两颗卫星，如图 3-2 所示，因为它们以截然不同的方式展示了目前关于宇宙微波背景各向异性最完备的图景。

1　　苏联物理学家将宇宙微波背景辐射计置于 Relikt 卫星上，以便探测宇宙微波背景各向异性。

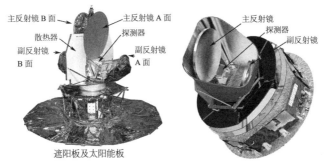

主反射镜 B 面　　　　主反射镜 A 面
　　散热器　　　　　探测器
副反射镜　　　　　　副反射镜
B 面　　　　　　　　A 面

主反射镜
探测器
副反射镜

遮阳板及太阳能板

图 3-2　　左为 WMAP 卫星，右为普朗克卫星。WMAP 上巨大的反射镜（"碟片"）大小为
140 厘米 ×160 厘米，普朗克卫星上的反射镜大小为 150 厘米 ×190 厘米。两颗卫
星尺寸差不多，总高度都在 300 厘米左右。对于 WMAP，太阳在页面下方；对于普
朗克卫星，太阳在页面右下角。由于隔热层的存在，WMAP 主反射镜可以降温至
60 K，普朗克卫星可以降温至 40 K 以下。两颗卫星的检测元件都在主反射镜的正下
方。WMAP 上的大型散热器可以从探测器上吸走热量，将其温度被动降至 90 K；普
朗克卫星采用了主动降温系统，可以将仪器上的长波段探测器降温至 20 K，短波段
探测器降温至 0.1 K。（图片来源：ESA、Planck Collaboration；NASA/WMAP 科学
团队）

　　阿诺·彭齐亚斯和罗伯特·威尔逊测量了 7.4 厘米波长下
的宇宙微波背景，由于此波长属于"微波"波段，故被称为宇
宙微波背景，虽然大多辐射的波长都要更短。事实上，7.4 厘
米算是相对较长的波长，大气对它的影响微乎其微。其他在微
波波段工作的常见设备还包括美国电视台（2~83 频道的波长
位于 500~34 厘米）、微波炉（12.2 厘米）等。现代碟形电视卫
星天线的工作波长约为 1 厘米。图 3-2 可见，WMAP 看上去
好像有两个背对背的电视卫星天线，这并非巧合，因为它的五
个工作波段全部位于 1.3~0.3 厘米。

　　为了更好理解宇宙微波背景的测量原理，我们以老式电
视为例，就是天线直接装在电视上的那种。现在你把电视调
到了 83 台，可是 83 台没有信号，屏幕上只有一片雪花和噪声。

这些雪花有两个来源，一是经天线传入电视的来自周边环境的微波，二是电视内部的电子噪声，二者混合在一起就形成了你看到的画面。考虑第一种来源，入射的微波迫使天线结构中的电子移动，这些电子会给电视接收器中的晶体管的输入端"挠痒痒"，接收器的其余部分将这些信号放大，打包传送至屏幕端将其视觉化。宇宙微波背景进入天线的方式和电视节目进入天线的方式一样，只不过看上去像噪声。粗略估计，电视上那些雪花当中有 1% 来自进入电视天线的宇宙微波背景。

想要测量各向异性，你可以把电视天线对准特定方向，然后记录雪花的量，比如给屏幕拍张照片，或者把嘶嘶的噪声录下来。之后我们让电视保持原样，不做任何更改，只把天线换个方向，继续记录雪花的量。雪花数量之间的差异，就代表进入天线的辐射的温差。

有很多办法可以改善测量结果。不难想象，你肯定希望换上一个噪声更小的电视接收器，从而增加宇宙微波背景在噪声中的比例。尽管有点违背直觉，但在测量宇宙微波背景的时候的确没必要把设备的温度降到比宇宙微波背景低。关键在于检测元件中的电子可以自由响应宇宙微波背景。如果晶体管的温度可以下降，比如降到 100 K，那么这些电子的自由度会更高，晶体管中的电子噪声也会随之减少。你还可以收听更多频道，增加信号来源，同时确保天线仅接收你指定方向上的电视信号。你甚至可以换一台工作波段更短的电视。事实上，WMAP 满足了以上所有要求，甚至还有相当精密的晶体管加以配合，堪称精细入微，面面俱到。

WMAP 还有另一个很关键的特性，那就是它可以同时接收两个不同方向的辐射，并在二者之间进行对比，这就是它安装了两个背对背卫星天线的原因。不过它无法测量绝对温度，只能搜集探测不同区域之间的温差。最后，计算机程序会处理全部的温差数据资料，将它们综合到一起生成一张温差地图，如插图 7 所示。

图 3-2 中的普朗克卫星采用了一种和 WMAP 不同的测量方法，它只有一个用来接收信号的碟形天线。在不断旋转的过程中，卫星可以测出周边的平均温度，然后围绕这个平均温度测定附近的温差。WMAP 有 20 个全天候探测天空的独立频道，普朗克卫星有 72 个，不过两颗卫星都有不少冗余。普朗克卫星还有两个协同工作的设备，可以测量 1~0.035 厘米的 9 个波段。其中较短的 3 个波段和 WMAP 相似，不过较长的 6 个波段和 WMAP 完全不同，而且使用了一种被称为"辐射热测定"的技术。

热辐射仪是一种相当灵敏的探测设备，可以测出落在它上面的热辐射的总量，和温度计很像。不同于晶体管，热辐射仪必须降至相当低的温度才能检测到宇宙微波背景。用好热辐射仪的关键就在于一定要将其很好地隔离开来，使得只有你想探测的辐射落到仪器上。普朗克卫星上的热辐射仪被降至绝对零度以上 0.1 K 的低温。一秒钟之内，这些仪器就可以测出连万分之一开尔文都不到的细小温差。

这两颗卫星位于同一个观测点，即"第二拉格朗日点"，简称为 L2 点。该点位于太阳系中从太阳指向地球的线段的延长线上，距地球大约 100 万英里。1772 年，约瑟夫·拉格朗日通过计算发现，太阳系中有五个特殊的位置，在这些位置上地球引力和太阳引力对物体的作用达到某种平衡，使得该物体和太阳、地球的相对位置基本保持不变。L2 点并不稳定，所以卫星上的微型喷射器隔三岔五就要喷射一下，以防卫星跑得太远脱离了轨道。和其他大多数卫星都不相同，WMAP 与普朗克卫星皆围绕太阳而非地球行进。

既然两颗卫星全部位于 L2 点，那么它们的天线通常都会自太阳、地球、月亮的方向向外探测。这很重要，因为和我们需要探测的那些微小温差相比，这三个天体实在太热了。L2 点还有一个重要特性，那就是它的热稳定性，毕竟那地方根本没有昼夜循环。之所以说这种热稳定性很重要，是因为它能保证探测器一遍又一遍地探测天空，最终将所有数据放在一起做平均处理。WMAP 在 L2 点工作了 9 年，普朗克卫星在此工作了 4 年。

尽管卫星的功能简单明了——它们就是用来测量天空中的辐射温度的——可是想要让它们达到探测极限却异常困难，因为这需要我们对系统误差来源有一个空前的把控，毕竟细节决定成败。比如，在由仪器基本噪声特性决定的误差水平下，你必须确保某一天的探测结果可以直接和两年前的探测结果进行比较。目前为止，弄懂仪器的工作状态以及周边环境对仪器的影响，是我们在数据分析中遇到的计算量最大的一个环节。

在测量宇宙微波背景的过程中，总会遇到同一个问题：怎么才能知道我们探测的是可观测宇宙边缘地带的光线，而不是银河系或者本星系群某个角落的光线？最重要的办法就是测量不同波长下的各向异性。就像普朗克方程可以精确描述黑体每个波段的功率，它也可以描述涨落中类似的关系。来自银河系的辐射和宇宙微波背景在辐射功率与波长之间的关系上有很大不同，二者很容易区分开来。普朗克卫星和 WMAP 都有多个工作波段，可以非常明确地辨别哪些是"前景辐射"，哪些是宇宙辐射。

还有一个很简明的办法能够充分满足我们的需求——将银河系辐射和宇宙微波背景辐射区分开，那就是"遮蔽"银河系。也就是说，我们可以将地图中这部分内容在分析过程中删掉或遮住。不妨设想我们已经在插图 7 中完成这一工作，去掉了正负 20 纬度之间的区域，也就是第一张地图虚线之间的地带。无论是向南，还是向北，这两张地图上都存在很多看似随机分布的热区、冷区，这些区域形状各异，大小不一，正是我们试图寻找的宇宙微波背景各向异性的某种信号。

仔细观察插图 4 的哈勃超深空之后，你可能会感到奇怪，为什么在宇宙微波背景探测实验中看不到这些星系呢？原因有三：第一，这些星系发出的辐射波段有所不同；第二，星系之间存在大量空间（图中大部分区域呈现黑色）；第三，星系的观测角度很小。如果使用角分辨率较高的宇宙微波背景望远镜观测天空，我们便能看到星系和星系团，然后就会发现它们对插图 7 中地图的影响微乎其微，可以忽略不计。

之所以在插图 7 中使用两张不同的地图，目的是说明一个很重要的事实：各向异性的测量精度很高，而且两颗卫星相互独立，各自装有不同的探测器，探测策略和操作人员也完全不一样，却得到了相同的结果。此外，对探测数据的处理也由彼此独立、相互竞争的团队完成，虽然最终得到了两幅地图，但本质上它们是一回事，各向异性得到证实。

如今对宇宙微波背景的测量可以算得上是"大科学"。一直到 20 世纪 90 年代，相关的各研究小组都还只有两三个人，只需一些较为廉价的设备便能获取重大探测成果。如今该领域的从业者成千上万，各种价值几百万美元的设备层出不穷，使用的卫星更是造价过亿。卫星地图仍旧是最精准的全天域图像，不过对于某些特定的区域、特定的角度来说，可以对图像进行较大改进。目前利用地面望远镜搭建的探测网络已经启动，正在绘制半天域宇宙微波背景地图，其精度比普朗克卫星和 WMAP 还要高。

宇宙微波背景各向异性

假设我们手里有一张来自 WMAP 或普朗克卫星的地图，该地图已经将各种无关紧要的信息剔除干净，可以确保遗留下来的信号全部属于宇宙微波背景各向异性。总的来说，它就是一张热度分布图，收集了大量温度信息。那么，我们该如何从这张地图中挖掘出宇宙学知识呢？首先要记住，这张地图描绘了大爆炸后 40 万年可观测宇宙的边缘。尽管此时整个宇宙都处于退耦时期，我们仍旧可以认为那些辐射来自某个将我们包裹在内的巨大壳层，因为我们现在测量的宇宙微波背景就来自该壳层附近。这片区域有时也被称为"退耦面"。看名字就能想到，我们探测的光线当时就是在这里和原始等离子体退耦的。在插图 5 中，退耦面指的就是最外面的那个壳层。

那些冷区、热区能够告诉我们什么呢？事实上，我们希望能够找到它们和大爆炸 40 万年后宇宙引力强度分布之间的联系。尽管有些麻烦，但我们不得不这样做，因为二者之间的关联性非常重要，能够帮助我们将物质的空间分布和宇宙微波背景的温度各向异性有机结合起来。

之前我们举过一个一维的例子，用来说明质量如何簇聚从而形成结构。当然，在真实的宇宙中整个过程是三维的。质量簇聚时，该空间区域的引力强度会高于其他区域的引力强度。假如地球的大小不变，但质量增加了，那么我们的体重也会随之增加，因为引力变强了。同样，假如空间大小不变，汇聚其中的质量却越来越多，那么引力便会增强。我们将引力强度在空间各处的变化称为"引力景貌"（gravitational landscape），这些引力景貌反过来造成了宇宙微波背景的各向异性，下面分析一下个中缘由。

有时为了便于理解，我们可以想象有一张在空间上不断延展的二维切片，比如，在陆地二维截面上布满了高矮胖瘦各不相同的山谷和丘陵，陆地的不同高度代表引力的不同强度，山谷下的引力要比丘陵上的强一些。退耦之前，宇宙也在不断演化，此时暗物质逐渐簇聚，山谷越来越深。由光子、电子、原子核构成的等离子体也在坠向山谷，不过它们的能量太大，所以无法簇聚。

当然，在该过程中并非真的存在某种像陆地一样的东西。用一个不是特别精准的比喻来说，等离子体就像不断翻腾的水，想要在放鸡蛋的塑料盒中沉淀下来。坑坑洼洼的鸡蛋盒就代表刚才的丘陵和山谷。不过和水不同，等离子体是可压缩的。坠入山谷时，它会压缩、升温，然后反弹回去。

此时整个宇宙中充满了压缩、伸展、反弹、振荡等各种状态的等离子体，它们想要在山谷中积聚起来却无法安顿。之后在一段较短的时期内，宇宙温度降了下来，原子开始形成，宇宙微波背景获得自由，等离子体态彻底结束，这就是大爆炸40万年后的退耦时期。宇宙微波背景记录下了当时宇宙的状态。坠入山谷的那些等离子体先被压缩，随后升温，有点像活塞中被压缩的气体。大体上，地图中的热区，也就是红色区域，代表着引力分布的山谷，这些地方的等离子体更为炙热；蓝区代表着丘陵。换句话说，宇宙微波背景为原始引力景貌提供了一张快照。那些被释放出来的原子不断前进，在引力景貌的影响下进一步引力塌缩成上文讨论过的宇宙结构。

地图中的差异程度，即不同区域之间的温差大小，通常在亿分之一开至100毫开。我们经常会用"涨落"（fluctuations）一词作为"在空间中的变化"的简写，比如，在这里就可以说温度涨落大约在总量3 K的十万分之几。这个比例和上一章提到的物质簇聚中的比例差不多。如果用你身体的质量代表退耦时期宇宙中簇聚的质量，那么有些区域的质量跟你的身体一模一样，另一些区域的质量跟你的身体只差一个小指尖的质量。

物质的簇聚和各向异性的程度密切相关，没错，涨落的来源都一样，都来自我们之前提到的激发宇宙结构形成过程的"原始种子"。

插图7上方的地图中有一个灰色小框，插图8a就是这个小框的特写，其边长大约等于8个满月直径。虽然热区和冷区都布满了斑点，形状也不规则，但它们的确有一个特征尺寸。很显然，整幅图片看上去和由微小色点堆砌而成的点彩画派画作截然不同，色点也不会太大，以至占了半个画面。整体来看，色点的特征尺寸大约为满月直径的两倍。

这些色点的特征尺寸从何而来？要回答这个问题，我们得把目光转回到引力景貌上。对于原始等离子体来说，压缩程度越高，温度就越高。当等离子体从四面八方"流入"山谷时，压缩程度和温度都达到极致，该现象大约始于大爆炸5万年后，终于宇宙的退耦时期。在某种程度上而言，等离子体流速更像是等离子体扰动速度，同声音在空气中的传播有些类似。等离子体流速由基本物理学决定，而流动时长则取决于宇宙的膨胀，因为大爆炸40万年后等离子体将不复存在，退耦之后的宇宙微波背景可以畅通无阻地自由传播。流速乘以时长，就能得出距离。因此必然存在某种特殊尺寸的山谷，可以极为有效地生成炙热的色点，同理，也会存在某种特殊尺寸的丘陵，可以极为有效地生成寒冷的色点。利用传统物理学，我们能够以相当高的精度计算出等离子体速度和最佳山谷尺寸的理论值。诚然，这些山谷尺寸多变，深浅不一，但宇宙微波背景可以让某个尺寸显得尤为突出，而且该尺寸并不小，计算时一般以光年为单位。

　　我们可以对该尺寸进行简单估算。等离子体的流动时长大约为 35 万年（40 万年减去 5 万年）。流速的计算要困难一些，因为等离子体主要由光子组成，等离子体扰动的速度相当快，大约为光速的一半。将这些数字相乘，就可以算出该尺寸大约为 20 万光年，相当于谷底和边缘之间的距离。这个结果其实并不准确，因为在此期间宇宙膨胀了 3 倍（见附录 C）。更为细致的计算表明，该尺寸接近 45 万光年。由于等离子体流和声波类似，该尺寸又被称为退耦时期的特征音阶。我们想要得到的数据是热区色点或冷区色点的直径，该数值是前者的两倍，大约为当今银河系所测得直径的 9 倍。

　　现在可以看出当时的宇宙相较于今天的不同之处——温度比现在高 1000 倍，整体分布要均匀得多。如果把宇宙划分成一个个边长 90 万光年的小方块，那么跟平均质量相比，各小方块的质量差距一般只有十万分之几。这种受宇宙微波背景各向异性影响而形成的微小质量差异，会随着引力的不稳定性而逐渐扩大，最终在宇宙膨胀的过程中形成宇宙结构。

　　该物理过程最早由吉姆·皮布尔斯和虞哲奘于 20 世纪 70 年代描绘，拉希德·苏尼亚耶夫和雅各布·泽尔多维奇的论文也有所提及。几十年来，该模型经历了各种完善、扩充，但基本图景从未改变。根据在地球上获取的各种测量结果，我们可以对早期宇宙应该发生了什么做出预言，且那些预言可得到验证，整个过程完美诠释了物理学的普适性。虽然热区冷区背后的物理过程远比我们描述的复杂得多，但我们的侧重点在于其中最重要的那一部分，正是它们造成了宇宙微波背景地图中的那些特性。

宇宙微波背景的量化分析

为了和理论模型进行比较，需要对这些地图进行量化分析。也就是说，我们需要将温度不同、尺寸各异、随机分布的一系列热区、冷区缩减为一组数字。从数学上来看，各向异性地图是分布于球体表面上的一组二维随机数。几十年来，科学家们开发了很多方法表征此类地图的特性。下面将着重介绍两种。

第一种方法不仅简单，而且效果很好。我们只需浏览全图，每次遇到热点时便以该点为中心提取一个 $4° \times 4°$ 的截面。需要注意的是，千万不要重复计算，不过该问题不难解决，我们可以设计一个相应的算法。可见插图 8a 的左侧有十几个热点，我们便在该区域提取十几个 $4° \times 4°$ 的斑块。在远离银河平面的深空中，也就是插图 7 第一张地图虚线的南侧和北侧，大约有 10000 个热点。把所有热点提取成 $4° \times 4°$ 的小图，然后平均处理。如此一来，热点的平均值跃然而出，那些不怎么常见的地图特征被平均掉了。尽管我们的重点在热区，但我们可以用同样的方法处理冷区。

插图 8a 右侧为普朗克卫星经平均之后的热点图。它以惊人的细节向我们展示了这个特定山谷的具体尺寸，乍一看，大概是两个满月的跨度，经过更详细的分析之后可以得出其角直径为 $1.193°$，四舍五入之后为 $1.2°$。和宇宙微波背景的温度一样，这是宇宙学中经测量得到的最精准的数字之一，其意义重大，影响深远，之后我们还会具体讨论。

第二种可以阐释地图特性的方法更为复杂，不过可以更清晰地展现那些热点的细节。这种方法最终会生成一张"功率谱"，如图3-3所示。本质上来说，这张图展现了各种角度下地图上温度涨落的幅度。前面我们已经知道，1°左右的温度落差最大，相当于图3-3中1°附近的最大值。

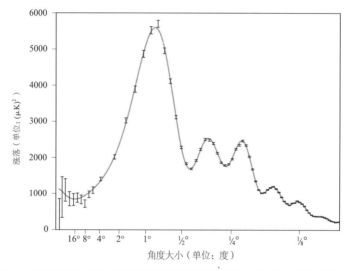

图3-3　利用WMAP和普朗克卫星得到的宇宙微波背景各向异性功率谱，y轴为涨落的方差（代表涨落大小），x轴为角度大小。角度的刻度线并非均等分割，而是以1/2的倍率依次减小。最大值出现在1°附近，大致对应于插图8a右侧热区的直径。基于用来描述宇宙的6个基本参数，我们给出了最佳拟合曲线，即本图中的灰线。每个数据点上的垂直黑线表示测量的不确定度。

为了理解这张图，可以将其视为一种图形均衡器，或者干脆把它看成高档音响系统的"均衡器"。所谓均衡器，就是可以帮你放大、降低某些声音频率的设备。比如，在某段音乐中，你希望低音部分可以盖过高音部分。虽然汽车收音机上的"音调"旋钮能够快速实现这一需求，但是均衡器可以帮你更精细地操控音调。通常来说，均衡器有5~10列小灯，最左侧一列亮灯的数量代表低音强度，而右侧亮灯的数量则展现了高音部分的强弱。在这个类比中，宇宙微波背景地图就和音乐一样。图的左侧是低音部分，右侧是高音部分，排列方式类似于钢琴键盘。y轴对应于每个声音频率，或者音调的强弱。如果我们将1°附近的峰值比作261 Hz的中央C音，那么第二个峰值就相当于635 Hz的、在下一个八度中稍低于E的音，而第三个峰值就相当于963 Hz的、位于和刚才同一个八度中稍低于B的音。地图中第二个和第三个峰值的差异很难用肉眼辨别，不过在这里就很清晰了。用一个颇有诗意的比喻来说，这张图向我们展示了一段谱写在宇宙当中的乐章。更精准地说，它向我们展示了宇宙的谐波含量。

图3-3是宇宙学中最重要的图之一，是来自世界各地的科学家们携手合作、历经五十余载才终有所成的智慧结晶。刚开始绘制的时候，没人知道测量工作完成后我们到底能发现什么，到底能获取多少有用信息。现在先详细介绍一下图中每一个曲折变化，之后再解释整张图。不过为了让你明白这张图的重要性，我可以先告诉你，仅凭峰值的位置和幅度，就能确定宇宙的构成。

该图到底有多重要，我们不妨从另一个角度来分析它。刚才以均衡器做类比，用音乐术语阐释了图的意义，但实际上它主要展示了二维宇宙微波背景地图上的涨落情况。现在我们从空间入手，设想自己远离海岸，站在大海之上远眺。瞬息之间，海面凝结起来。在这幅冻结海景之中，你可以看到较大的波涛、中等大小的海浪，以及很小的、位于表面的涟漪。这一片极冷的冻层就像各向异性的地图，各处冻水高度代表宇宙微波背景中的温度涨落，海洋的平均深度代表宇宙微波背景平均温度——2.725 K。在这片冰冻的海洋之中，波涛拥有最长的波长、最高的高度（假设你身处远海当中，且没有遇到暴风雨），海浪拥有较短的波长、中等的高度，涟漪拥有最短的波长、最矮的高度。现在我们登上飞机，从空中俯瞰冰冻的海面。波涛峰值的角距大于海浪峰值的角距，而海浪峰值的角距又大于涟漪峰值的角距。在功率谱图中，波涛位于 x 轴左边角度较大的一侧，在本例中其 y 值最高；海浪位于 x 轴的中间，y 值呈中等大小；涟漪位于 x 轴的右侧，y 值最小。你可以一眼看出这种图的优点，它能够以较为简明的方式，将各种涨落的表现形式——波涛、海浪、涟漪等——呈现于一个冰冻的海洋之上。从概念上来讲，寻找宇宙微波背景的功率谱和寻找海面的频谱没有太大不同，宇宙微波背景图中 1° 左右的峰值，对应于我们从飞机上看到的、同样角度下的高度异乎寻常的冰冻波涛。不过需要注意，这种类比存在一定局限性，因为宇宙微波背景的涨落完全随机，而海洋涨落，也就是那些波浪，却并非如此。

最后，我们从制图的角度来理解图 3-3。实际的计算过程涉及特殊算法，而且和测量过程一样，经历了几十年才不断发展、完善起来。不过并不难对该算法的工作原理有一个大概的认知。下面提到的很多计算细节对于其他章节而言可有可无，但有助于我们更好地理解图 3-3。首先，拿一张地图，减掉被银河系"污染"的区域，然后将剩余部分剪成一个个直径 8°（16 个满月）的圆盘，计算直径 8° 的圆盘的平均温度。当然，在 8° 圆盘中会有很多尺寸较小的热区和冷区，不过它们最终会被平均掉。计算完所有的 8° 圆盘后，你会得到一组平均温度，有些大于零，有些小于零。事实上，我们并不太关心圆盘的平均温度，只想知道它们在零点附近的离散程度。计算该值的常用方法是，从每个圆盘上减掉所有圆盘的平均温度，对剩下的每个圆盘温度求平方值，这样可以保证每个数字都是正的，之后求这些平方值的平均数，这便是"方差"，也是 y 轴以（μK）² 为单位的原因。现在对直径范围在 16°~1/8° 的 100 种不同尺寸的圆盘重复该过程，做出一个列表。由于较小尺寸的圆盘拥有比它大一级圆盘的全部方差值，你必须从条目 100 中减掉条目 99，从条目 99 中减掉条目 98，依此类推，直到处理完整个列表。之后你会得到一张全新的表格，每个尺寸的圆盘都对应着与之关联的方差。最后，遍览整个列表，将每个数字和圆盘的尺寸，也就是角度相乘，然后将新列表中的条目放到 y 轴上，将圆盘直径分列在 x 轴上。粗略来看，所得图像和图 3-3 类似，但丢失了全部细节。

　　从图 3-3 中我们不仅可以看到角度变化带来的涨落，还可以看到很多信息。剩余起伏来自等离子体不同的振荡方式，以及与引力景貌之间的不同相互作用。图 3-3 中每一个数据点都对应着一个不确定度，由竖直的"误差棒"表示。将各数据点串联到一起的光滑曲线就是宇宙学标准模型。现在你应该明白对宇宙微波背景各向异性的测量到底有多厉害了，它们相当精准，且高度约束，任何潜在的宇宙理论模型都必须和这些数据相洽。如果有哪个模型和这些数据冲突，那它就排除在外了。如果哪个模型无法对此图做出预测，那它也不是一个合格的对手。由此你也可以明白，为什么即便尚未充分了解模型中的每一个要素，宇宙学家们也有充足的信心认为我们已经正确掌握宇宙的基本图景。下一章，我们会分析宇宙学模型和灰色曲线之间的关联。

在此之前，我们先快速地做一个思想实验，以更广阔的视角重新审视宇宙微波背景各向异性地图。设想我们活了138亿年，见证了整个宇宙史。你可能会问，大爆炸发生在哪里？答案就是它同时发生在每一处，包括我们身边。当然那时的宇宙比现在稠密得多，不过据我们所知，它仍然是无限大的。如果大爆炸一开始我们就立刻计时，那么我们会在3分钟的时候目睹轻元素原子核的形成，在40万年的时候看到退耦过程，在2亿年的时候见证第一批恒星的诞生，等等。宇宙退耦之后，宇宙微波背景光子终于获得自由，在接下来的138亿年里可以一直行进，直到可观测宇宙的尽头。在我们居住的地球附近有一个引力景貌的山谷，在山谷的影响下逐渐形成包括银河系在内的本星系群（见图1-2）。每地每处，宇宙中都在同时发生同样的物理过程，不过各过程的位置却不太一样，有些位于山谷之底，有些位于丘陵之顶，而大部分介于两者之间。

现在假设你被瞬间传送到可观测宇宙的尽头，然后回首眺望地球，你会看到什么？你周边的星系环境其实和我们当前周边的环境差不多。之前我们说过，在任何固定年龄，宇宙各处看上去都一样。虽然就某些细节而言，你身旁的环境存在某些差异，比如你可以看到一些从地球上无法看到的星系，但平均来看并没有什么区别。当你朝地球和本星系群的方向眺望时，你"可能"会看到一个宇宙微波背景热区，因为本星系群中有大量物质聚集在我们附近。之所以说"可能"，是因为和典型宇宙微波背景涨落相比，本星系群的角距显得有些小。不过可以确定，你看不到任何属于本星系群的星系，因为它们发出的光此时还未抵达你身边。

现在我们对宇宙学的整体架构有了更深刻的认知，也学会了如何利用物理直觉理解宇宙的各种测量结果，是时候更进一步，介绍一下标准宇宙学模型的主要理论要素。这需要很多更高深的物理概念，甚至需要某些目前仅仅停留于理论阶段的设想。在此之后，我们会介绍一下用来表征整个宇宙的 6 个宇宙学参数，以及迄今为止对宇宙大尺度特性做出的各种探测。事不宜迟，现在就从宇宙的几何结构入手，开始下一章的内容。

第四章
宇宙学标准模型

宇宙的几何结构

宇宙有几个最基本的特征，几何结构便是其中之一。所谓几何，指的就是对点、线、角、面等对象之间关系的研究。先回顾一下空间的特性：它能够以不同的速率膨胀，具有一定的延展性，可以被弯曲，就像我们在由子弹星系团造成的引力透镜效应中见到的那样。对于透镜效应而言，想象大质量天体附近被弯曲的空间算不上什么难事，不过现在面临的问题是设想整个三维空间在第四个空间维度上的弯曲，这明显更具有挑战性。

19 世纪中期，伯恩哈德·黎曼成功证明，就算无法进入下一个更高维度，我们也能分辨出周边的空间是否发生了弯曲。为了理解他的洞见，以三维空间中被弯曲的二维表面为例，如图 4-1 所示。设想你是一只蚂蚁，在二维表面上三角形的三个顶点之间爬来爬去。二维表面足够大，蚂蚁足够小，高度可忽略不计，所有运动均局限于表面上。如果你在某个平坦的纸面上运动，那么无论你爬出什么样的三角形，其内角和均为 180°。我们说这样的纸张具有"平坦的"几何结构。此外，由于该二维空间无限大，因此不存在任何边缘。[1] 按照惯例，即便某个三角形并非位于平铺的纸张上，而是位于某个方向任意的三维空间上，也用"平坦"这个词来描述它。

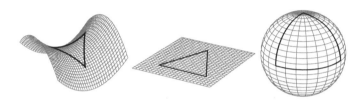

图 4-1　二维空间几何结构的三种可能性。左侧为开放的马鞍面结构，可以无限延展下去，其中黑色粗线围成了一个内角和小于 180° 的三角形。中间是一个和平铺纸张类似的平坦结构，也可以无限延展下去，其中黑色粗线围成了一个内角和等于 180° 的三角形。右侧是一个有限的球面结构，其中黑色粗线围成了一个内角和大于 180° 的三角形。

考察球壳的情形，它是一个有限、封闭、正向弯曲的空间。蚂蚁从北极出发走向赤道，然后沿着赤道走四分之一个圆周，最后回到北极，全程走了一个三角路径。蚂蚁会发现这个三角形的内角和为 270°，远远大于我们熟悉的 180°。三角形越大，其内角和就越大。若蚂蚁在该空间中发射一束激光，则这束激光最终会绕回来击中它的后背，因为在二维的情况下，这束激

1　　有些几何结构虽然平坦，但大小有限，莫比乌斯带就是一个例子，我们称该结构为"非平凡的"拓扑结构。拓扑学是一门研究空间连接方式的学科，比如面包圈和球具有不同的拓扑结构，因为你无法通过形变让二者彼此互换。本书中我们假定，宇宙由其几何结构，而非其拓扑结构所刻画。有些理论认为宇宙具有非平凡的拓扑结构，根据这些理论得出的各种预测可以被宇宙微波背景地图检验。不过迄今为止尚未发现任何强有力的证据可以证明这种非平凡的拓扑结构。

光被牢牢地限制在球壳表面。

马鞍面是一种开放、负向弯曲的空间。和球壳不同，马鞍面可以像平铺纸张一样无限延展。如果蚂蚁在马鞍面上沿着三角形走一圈，它会发现该三角形的内角和小于180°。若将马鞍面压成一个平面，则会发现平面上留下了很多折痕。一个开放、负向弯曲的空间意味着我们走得越远，可用的空间就越多。

通过测量位于二维表面上的三角形的内角和，我们可以判断它的整体几何结构，该方法同样适用于在第四个空间维度上发生弯曲的三维空间。想要弄清三维空间的几何结构，只需构造一个三角形路径，计算其内角和。地球附近就可以做到，比如可以在太阳、月球、地球之间作一个三角形并计算内角和，不过最好的办法是绘制一个超大的三角形。宇宙微波背景可以帮助我们在宇宙尺度上实现这一设想。

你应该还记得中学时学过的几何知识，想要确定一个三角形的所有角度至少需要三个信息，比如两条边的长度和某个夹角的大小。宇宙微波背景的冷区或热区直径可以作为三角形的一条边。事实上，我们将所有区域的尺寸做平均处理，就像前文提到的那样，用光年作为计量单位，以超高的精度算出热区或冷区的平均物理尺寸。此外，利用图3-3、插图8a和8b中的地图，还能够以相当高的精度算出平均角度。最后还需要一点点信息，才能完全确定这个以某热区为一条边的三角形。虽然不那么明显，但哈勃常数其实就是缺失的那一点点信息，因为它可以将热区的物理尺寸和到该热区的距离关联起来。计算之后我们发现，此三角形内角和刚好是180°。也就是说，在我们测量能力的极限之内，宇宙呈现出一个"平坦的"几何结构。

通过简单的计算，可以得到一种各板块合到一起的感觉。之前我们计算热区尺寸，在退耦时期其直径大约为 90 万光年。之后宇宙又膨胀了大约 1100 倍，故如今这个直径应该是 9.9 亿光年。根据普朗克卫星和 WMAP 的测量结果，其对应的角度大约为 1.2°。如此一来，便可以算出我们距退耦面的距离大约为 460 亿光年，这个数字我们视为可观测宇宙的半径。[1] 如果宇宙几何结构呈封闭状，那我们测得的热区/冷区角度会更大一些；如果宇宙几何结构呈开放状，那我们测得的热区/冷区角度会更小一些。一切都严丝合缝。

总而言之，宇宙的几何结构和我们中学时学到的几何知识差不多，是整个几何学中最为简单的一种模型。对于不了解爱因斯坦和黎曼的初学者来说，首先能想到的就是这种相当基础的几何结构。更重要的是，这种几何结构已经被科学探测确定，且用其他不同的方案予以复核。

结构形成的种子

目前为止，科学家们对最早期宇宙还存在很多疑问，原因就是没有任何一个基础理论可以兼容引力和粒子物理标准模型。

---

1   对于平面几何来说，某个角度与圆周 360° 的比例，等于该角度对应的物理尺寸（比如以光年为单位）和圆周周长之比（同样以光年为单位）。热区也有类似的对应关系，1.2°/360° 等同于（热区尺寸）/（距离乘以 2π）。代入相关数据之后可以算出，该距离长达 472 亿光年。我们代入的数值越精确，其结果就越接近 460 亿光年。

目前，我们拥有的只是一些"有效理论"和科学范式，它们以人类已掌握的物理学为根基，尝试对观测结果做出解释，其中最著名的是"暴胀宇宙理论"。现在我们来看看这个理论到底讲了些什么，不过需要注意的是，目前它仍然属于理论研究中一个相当活跃的领域。

暴胀模型问世之前，宇宙中一直存在一个令人困惑的谜题：为什么在两个完全相反的方向上，宇宙的某些特性居然存在如此惊人的相似度？比如南天极和北天极在方向上大相径庭，但二者宇宙微波背景的温度却几乎一致，这是怎么回事？根据我们已然建立的图景，可观测宇宙两侧的光线刚刚抵达我们身旁，由于任何信息的传播速度都不可能超过光速，按道理来讲来自北天极方向的辐射绝不可能已经和我们擦肩而过，对我们在南天极方向上的观测活动产生什么影响，反之亦然。可事实摆在那里，两个方向上的宇宙特性别无二致，温度也基本相同，差不多都是 2.725 K。

暴胀模型认为，最早期的宇宙中的空间不存在任何粒子，能量密度高得吓人。这种能量密度给宇宙带来了巨大压力，造成了后来的不断膨胀，迫使空间以指数增长般的速度在宇宙中迅速生成。我们假设过程刚开始的时候有两个区域，分别叫作A、B，它们彼此相邻，共享信息。在暴胀进程中，A 和 B 之间以迅雷不及掩耳之势生成了大量空间，以至二者再也无法交流信息。它们的视速度超过了光速，之间的距离也越来越远，远到再也无法对另一方产生任何影响，甚至有可能比我们设想的情形还要远无数倍。

暴胀发生在极短的时间内，比万亿亿亿亿分之一秒还要短。暴胀结束之后，宇宙逐渐平静下来，开始以更温和的速率继续膨胀。随着宇宙年龄的不断增长，可观测宇宙会变得越来越大，因为我们能够眺望的距离越来越远。某一天，在我们的视野中，A 可能刚好位于北天极方向，而 B 刚好位于南天极方向。这种机制可以解释为什么相反方向上的宇宙看起来如此雷同，因为很早很早以前这两片区域可以互相交流信息，后来在暴胀期迅速分离，相隔甚远，如今刚好位于可观测宇宙之内。除此之外，我们还得想办法解释，当这两片区域位于我们的视野之外时为什么不会各自独立演化，不过这背后的机制也属于此模型的一部分。

　　暴胀理论有很多变种，在最简单的暴胀模型中，还有另外两项特性会涉及宇宙微波背景。第一个特性，至少有万分之几的宇宙在几何上是平坦的，偏差不超过几万分之一。这个比例相当于在一把米尺上研究其末端的 100 微米到底是弯曲的还是平坦的。在获得观测结果之前，暴胀模型就已经率先问世，所以当测量数据证实宇宙几何结构的平坦性时，该理论的可信度瞬间提升了一大截。其基本思路是，哪怕宇宙早期的几何结构呈正向弯曲状，暴胀也会让弯曲的部分急速膨胀，最终看起来跟平坦的结构别无二致。以二维情形为例不难想象这一点，比如你现在正站在一个和地球类似的球面上，很容易就能看出球面是弯曲的，但如果该球面直径是地球直径的百亿亿倍，就很难判断自己脚下到底是不是个球面。在人类的测量极限内，宇宙总是表现出平坦性，但我们不能就此认为整个宇宙都是平坦的，毕竟它实际上可能微微有一点正向或负向的弯曲。

第二个特性是，暴胀理论包含了一种机制，该机制可以产生宇宙结构形成的种子。这些种子就是宇宙原始能量密度中的量子涨落。不过量子涨落又是什么意思？可以将其视为亚原子尺度上能量的局部细微涨落。想要定量分析量子涨落，必须用到海森伯不确定性原理。假设你在实验室中利用最强力的抽泵创造了最理想的真空环境，把容器中的每一个原子都抽了出去。当然，这只是想象而已，真实生活中不可能做到。不过即便我们真的做到了，在亚原子尺度上，容器中也会不断生成一种被称为虚粒子的东西，这些虚粒子须臾之间就会消失，其存在时长和能量大小成反比。在这种情况下，真空中其实充满了汹涌的暗流。尽管看上去有些离谱，但只要你将几个原子放回这个真空容器，沸腾的真空便会立即对这些原子产生作用，整个过程能够以很高的精度计算、测量出来。量子涨落在实验室实验中是一个充分确立的现象。

该模型认为，随着空间的暴胀，原始能量密度中的量子涨落最终延展到宇宙尺度上。原始场中的量子涨落如今变成了引力景貌，是宇宙微波背景热区和冷区的主要成因。这意味着我们看到的宇宙微波背景实际上是量子过程的一种直接表现形式，热区和冷区的随机分布模式便源于早先的量子涨落。通常把量子过程与发生在原子或亚原子的尺度上关联起来，之所以这仍然成立，是因为暴胀过程中空间膨胀程度太高，以至量子尺度居然变成宇宙尺度，一个震聋发聩的概念。

暴胀过程中的膨胀在特性上和我们之前提到的宇宙学常数

差不多，不过暴胀中的压力要比后者高得多得多。或许两个物理过程的起源有某种联系，谁知道呢。话又说回来，暴胀可能并不是一种正确的范式。或许宇宙实际上正处于一种不断循环的膨胀过程当中，如今我们正处于其中某个周期。即便果真如此，宇宙微波背景各向异性的起源也和量子涨落脱不了干系。

现在我们重新审视一下插图 7 中的宇宙微波背景各向异性地图。这些地图展示了如今已变得显而易见、布满整个天空的量子过程。宇宙的演化好像一个显微镜，帮我们看清了自身的量子起源。

一张完整的宇宙拼图

在分析宇宙微波背景的过程中，我们渐渐对宇宙有了较为深刻的理解，但研究宇宙的方式可远远不止这一种。宇宙学是一个非常广袤的研究领域，涉及的物理知识也是五花八门——从广义相对论到热力学，再到基本粒子理论，简直不胜枚举。利用最先进的粒子探测设备，科学家们几乎探测了所有可测量的波长，其范围从地球附近一直延伸到最遥远的太空尽头。所有的理论依据竟全部包含于一个超级简单的标准模型当中，不禁令人感叹有加。不过在总结该模型之前，先介绍之前没来得及详细展开的两个前沿理论。

研究宇宙学最古老的方法，就是不断地观测各个星系，哈勃和勒梅特便是利用这种原始方法得出了宇宙在膨胀的结论。我们拥有各种各样的望远镜，不仅能够像哈勃空间望远镜一样以高分辨率深入观测指定方向，还可以探测数百万星系的属性，侦测区域超过了整个天空的三分之一。其中最著名的大概就是斯隆数字化巡天项目，该天文项目成功探测了可观测宇宙的大部分区域，最终绘制出了详尽的星系三维分布图。我们弄清了星系如何簇聚，也明白了来自遥远星系的光线在朝着我们传播的途中为何会受到各个星系的影响，从而在扭曲的空间中弯折了前进的方向。对较大范围内的数据进行平均化处理以后可以进一步发现，对应于插图 8a 中宇宙微波背景热区和冷区的平均尺寸，那些星系簇聚也有一个特征尺寸。对于星系来说，这些特征尺寸被称为"重子声学振荡尺度"。值得注意的是，无论是在宇宙微波背景热区、冷区的形成过程中，还是在星系分布的形成过程中，均存在一种特征类似的物理过程。

一项名为原初核合成（Big Bang Nucleosynthesis）的研究项目，得出了一个独立于星系和宇宙微波背景的观测结果，宇宙学家们据此计算出了宇宙刚诞生 3 分钟之内的核物理进程。只需给出宇宙微波背景温度以及核相互作用速率的实验数据，就可以计算出宇宙中最轻的那些元素的丰度：氢，氘，氦，锂，铍。最先形成的原子核是氘核，由一个质子和一个中子构成。在宇宙诞生的前 100 秒，每当有氘核即将形成时，就会有身处 10 亿开尔文高温的高能光子将其撕开。宇宙诞生 100 秒后基本上膨胀得差不多了，温度也渐渐冷却下来，此时将质子和中子束缚在一起的力完全可以抵挡来自光子的冲撞，再也不会像之前一样不堪一击，大部分氘核可以完好无损地存活下来。在之后的 100 秒内，通过一系列的核相互作用，氘逐渐转变为氦。

宇宙诞生 1000 秒时，其他的轻元素形成，这也是质子和中子之间的束缚力、受宇宙膨胀影响失去能量的光子，以及 10 分钟衰变期的中子这"三方势力"彼此角逐后的成果。

对核合成的计算可以给出一个关键预测值，那就是宇宙中各种原子的分布比例。从前文容易看出，光子能量和原子核数量之间存在密切关联。如果观测结果和预测的原子核丰度相匹配，那么宇宙中每个质子都会对应 20 亿个光子，这些光子当然就是宇宙微波背景。

根据计算结果给出的预测，宇宙中的原子主要由氢和氦构成（从质量来看，前者约占 75%，后者约占 25%），其他元素几乎可以忽略不计。当然，我们不仅在宇宙尺度上观测到了类似结果，地球附近也存在不少证据，比如太阳的成分有 75% 是氢，25% 是氦。计算表明，早期宇宙中不可能形成比铍重的元素。通常来说，对宇宙轻元素丰度的测量结果和我们根据宇宙微波背景推测出的数值匹配得很好，锂元素是个例外——实际测量出的锂元素含量比预测值少。看起来早期的恒星似乎吞噬了一些锂元素，不过更重要的是，预测值和测量结果之间的差距可能意味着我们的计算方法或者模型存在一定缺陷。

现在我们可以总结出宇宙学模型的 6 个基本参数。[1] 这里给出的数据全部来自图 3-3 中灰色曲线和宇宙微波背景观测数据拟合之后得到的结果。每当有数据集（比如各星系的分布情况）和宇宙微波背景结合之后，整体的不确定度都会有所改善，

1　有人建议把宇宙微波背景的温度 2.725 K 也加进我们的参数，这样一来参数总数就变成 7 个。

但具体数值不会有太大变化。对于各个参数的数学符号，我们采用了科学文献中最常见的形式。

作为理论基础，我们的模型规定宇宙在几何上是平坦的。之前我们已经利用宇宙微波背景和哈勃常数的测量结果成功证明宇宙几何结构的平坦性。没错，从计算结果来看，宇宙的确是平坦的。可是我们在计算哈勃常数的过程中已经假定宇宙的平坦性，并没有让几何结构独立于整个证明过程。这样一来便有机会比较一下，看看从宇宙微波背景，也就是从早期宇宙中得到的哈勃常数，和根据星系退行速度与距离的对应关系直接得出的哈勃常数有何不同。事实证明，两个数据之间的契合度非常好，但算不上完美。这或许和刚才一样，也意味着我们的模型缺失了某个要素——果真如此的话，这是一个激动人心的发现——或者我们的测量存在系统误差。目前还没有定论。幸运的是，检测宇宙几何结构的方法不止一种，其他探测途径得到的结果同样表明，在人类的测量极限内宇宙是平坦的。

前三个参数可以告诉我们宇宙的内容，它们各自代表不同成分占总数的比例，如同我们之前提到的饼图。

1. 原子大约占宇宙的 5%。在图 3-3 的宇宙微波背景各向异性功率谱中，第一峰值与第二峰值的高度比代表早期宇宙中原子核的密度。这一对应关系很难一眼就看出来，必须知道曲线背后的计算原理才能明白个中关窍。从宇宙微波背景各向异性中得出的数值，和从原初核合成中得出的数值相差无几，构成人体的这些物质的确只占宇宙净能量密度的 5%，这一事实让我们以新的视角审视自己在宇宙中所扮演的角色。我们用希

腊字母 Ω 指代原子所占的比例，即 $\Omega_{原子} = 0.05$。

2. 暗物质大约占宇宙的 25%。在图 3-3 的宇宙微波背景各向异性功率谱中，第一峰值与第三峰值的高度比代表暗物质的密度。当然，和刚才一样，这一对应关系也不太好理解，必须在弄懂灰色曲线的计算原理之后才能理解到底为什么。值得注意的是，从宇宙微波背景各向异性中得出的暗物质密度，和从第二章第二节针对恒星和星系运动的观测结果中得出的数值尽管彼此契合，但前者的精度更高。此外，由于朝着我们传播的宇宙微波背景来自宇宙退耦时期，故从第三峰值中判断出早期宇宙含有暗物质，[1] 宇宙中一定存在某种源于原初核合成的、从未在实验室中被探测到的新基本粒子。我们用 $\Omega_{DM} = 0.25$ 描述暗物质在宇宙中的比例。如此一来容易看出，在宇宙所有的物质中，构成人类生活的那些物质其实只占 1/6。

3. 宇宙学常数大约占宇宙的 70%。虽然还没有看清它的真面目，但我们已经通过宇宙的加速膨胀直接确定了这种东西的存在。在图 3-3 的宇宙微波背景各向异性功率谱中，利用第一峰值的位置就可以算出它的占比，其数值和利用超新星观测数据得出的数值吻合得很好，我们写为 $\Omega_{\Lambda}=0.70$。

当然宇宙中肯定还存在其他成分，比如宇宙微波背景辐射、中微子的质量分数。虽然我们明确知道这些东西存在于宇宙当中，但它们实在太少了，对宇宙的影响更是微不足道，在当今

1　　尽管各物质占宇宙总能量密度的比例会随着时间不断变化，但原子物质和暗物质的比例在退耦之前却从未出现任何变化。

的测量精度下，这些成分仍有必要纳入总体预算。

第四个参数是最有天体物理学味道的一个。总的来说，我们对第一批恒星的形成、爆炸，以及第一批星系的形成过程知之甚少，不过在该参数的帮助下，整个复杂的物理过程总算稍稍明朗了起来。来自早期恒星、星系的强烈光线可以轻易撕裂氢原子，使其分解为构成它的质子和电子，将宇宙带入再电离时期。尽管在未来的某一天，科学家们一定能发现该进程中让人眼花缭乱的复杂细节，不过以当前的测量精度极限来说，仅凭一个参数就足以阐述它的基本原理。

4. 在宇宙再电离的过程当中，约有 5%~8% 的宇宙微波背景光子被重新散射。沿用之前介绍宇宙退耦时的类比——就好像有雾气弥漫了过来。虽然雾的浓度不高——你仍旧可以看到遥远的海岸——但整体可见度的确不太理想。通常用希腊字母 τ 描述散射程度，它又被称为"光深"。根据测量结果，τ 介于 0.05~0.08。不过，仅凭温度的各向异性无法得出 τ 的准确值，还必须测量宇宙微波背景的偏振，一个之前从未提及的全新概念。偏振、强度、波长，是光波的三个基本特征，其中偏振描述光波振荡的方向。比如经汽车引擎盖反射的光就是一种水平偏振光，也就是说，这种光波会沿着水平方向来回振荡。偏光太阳镜可以阻挡这种水平方向的光线振荡，也可以抵挡与之相关的眩光。同样，再电离过程释放的那些电子可以迫使宇宙微波背景发生散射、偏振。如果你戴上一种特制的偏光"太阳镜"观察宇宙微波背景，其观测结果会稍有不同。图 3-3 中，再电离对功率谱起到了一个整体性的抑制作用，对于最大的角度来说，这种抑制作用还要更强一些。在宇宙学的 6 个参数当中，光深是最鲜为人知的一个。

之前我们说，涨落的种子激发了宇宙所有结构的形成，最后两个参数便是用来描述种子特征的。这些问题背后的某些概念已经超出本书的讨论范围，不过考虑到知识的完整性，还是得介绍一下它们。这些种子直接导致了宇宙微波背景各向异性的功率谱，引发了直径 2500 万光年球形范围内（第一章第一节中有所提及）的物质分布涨落。"原始功率谱"可以描述这些原始涨落，从特性上来看，这和宇宙微波背景各向异性的功率谱（图 3-3）差不多，只不过它描述的不是退耦面，而是三维空间中的密度涨落。如今我们环顾宇宙，会发现三维空间中的密度涨落幅度相当大。有些地方存在很多星系，有些地方存在大量星团，还有些地方空空如也。在这些可识别天体问世之前，密度涨落要小得多。就像之前提到的，退耦时期各区域的差异程度只有十万分之几。利用原始功率谱，可以详细量化宇宙膨胀刚开始时的密度涨落。

5. 原始功率谱的幅度可以用功能强大的数学符号 Δ_R^2 表示。如果我们已经建立一个相当完整的宇宙学模型，弄清了早期的量子涨落到底是怎么回事，可以据此推测出某个范围内，比如直径 2500 万光年的球形范围内的物质涨落模式，就可以将 Δ_R^2 和已知的物理学内容关联起来，得出其具体数值。不过很可惜，尽管理论框架非常成功，但我们还不知道整个体系之间的连接模式，目前只能把 Δ_R^2 当作一个特殊参数看待。

6. 最后一个参数称为"标量谱指数"（scalar spectral index），写作 n_s，是 6 个参数中最难理解的一个，同时也是我们探索宇宙诞生过程的最佳窗口。和 Δ_R^2 类似，n_s 也展现了原始涨落的某些信息，不过它描述的内容并非整体涨落幅度，而是原始涨落与角度之间的关系。为更好理解这一点，不妨再看一看之前在介绍图 3-3 时提到的音乐比喻。尽管功率谱中的波峰和波谷蕴含了极为丰富的信息，但目前我们先撇开它们不谈，只认为图代表"白噪声"。在这种情况下，数据点会沿着平缓的水平线分布。所有频率（角度）都有相同的响度（y 轴上的方差）。参数 n_s 可以帮我们区分出"白噪声"和其他某种噪声，比如低音响度高于高音响度[1]的"粉红噪声"。利用宇宙微波背景可以发现那些原始涨落，也就是"种子"，在大角度中的幅度要比在小角度中的幅度大一点点。换句话说，原始宇宙噪声呈轻微粉红色。

在对宇宙结构形成过程的早期研究当中，通常认为标量谱指数等于 1，即 $n_s = 1$，这一数值刚好对应于白噪声。为了纪念为此做出巨大贡献的三位科学家，又称"哈里森-皮布尔斯-泽尔多维奇"谱。后来在 20 世纪 80 年代初期，维亚切斯拉夫·穆哈诺夫和根纳季·奇比索夫发现，其具体数值其实可以根据在宇宙刚诞生时扮演着重要角色的量子原理计算出

---

[1]　尽管我们的类比具有一定合理性，但实际上 n_s 更适用于完整的三维原始功率谱，不太适用于用来表征宇宙微波背景各向异性的二维谱。此外，对于如何描述指定音高的响度还有一个微妙的、约定俗成的方法，不过这已经远远超出本书的讨论范围。最后，对于专业人士而言，术语"白噪声"指的是图中的宇宙微波背景功率谱，而不是常数 C_l。

来。现在我们知道，标量谱指数并不等于 1，而是存在大约 5% 的偏差，即 n_s= 0.95，刚好对应于"轻微粉红色"。这足以证明，所有宇宙结构起源于量子物理过程，当时宇宙紧致程度如此之高，蕴含能量如此之大，以至无法形成任何已知粒子。

有了这 6 个参数，不仅可以计算宇宙微波背景的特性和功率谱（图 3-3 中的灰线），任何宇宙学探测所涉及的特性和功率谱也都不在话下。比如我们可以计算宇宙的年龄。虽然约束程度最高的观测结果只有宇宙微波背景各向异性，但该模型和所有测量结果都吻合得相当好。总而言之，无论我们从哪个角度去认知宇宙——通过对星系的分析，通过恒星的爆炸，通过轻元素的丰度，通过星系的速度，抑或通过宇宙微波背景——只要有了上述 6 个参数，再加上前面几节提到的各种物理过程，就能轻松解释那些观测结果。

1970 年，艾伦·桑德奇为《今日物理》杂志撰写了一篇题为"宇宙学：一门仅需寻找两个数字的学科"的文章。现在我们知道，数字的数量不是 2，而是 6。有了这 6 个参数的帮助，我们能够阐释的宇宙现象比艾伦·桑德奇预想的还要多。有人会问，把一件事用无比简洁且精细量化的方式描述出来，这很重要吗？当然了！这意味着我们的知识拼图终于完整了！前三章提到的各种宇宙学碎片，甚至包括某些本书并未涉及的内容，现在全部合为一个整体。我们明白了世界背后某些深层次的内在联系，这意味着各学派之间不必再无休止地争来争去，仅凭一个更优秀的、可以描述世界更多细节的定量模型便可以证明孰对孰错。在科学家们研究过的各种项目中，很少有哪个系统可以同时做到描述精练、架构完整、精度极高。幸运的是，我们的可观测宇宙刚好具有以上全部特点。

第五章
宇宙学的前沿

宇宙学标准模型获得了空前成功，甚至已经变成我们寻找新发现的基石。比如，利用更精确的宇宙微波背景测量结果，我们或许可以得知中微子的总质量。宇宙诞生之日遗留下来的引力波可能已经弥漫整个太空。宇宙学常数或许根本不是个常数，以至广义相对论不得不进行修订。或许，宇宙并不是在几何意义上十分平坦。或许，真实的涨落以及相关频谱和我们的测量结果有出入。或许，将来某一天我们会发现来自早期宇宙的新粒子。无论以上哪个猜想，都需要更精确的数据作为支撑。在分析以下 5 个尤为活跃，即前景光明的前沿领域——中微子质量、引力波、跟结构形成密切相关的基础物理学、探寻星系团、寻找宇宙微波背景温度谱中的细微变化——之前，先介绍一个新的观测手段：宇宙微波背景透镜效应。

　　从子弹星系团的图片（插图 6）中我们可以看出，暗物质和正常物质之间存在明显的分离。至于暗物质的位置，则是在分析了子弹星系团自身对遥远星系产生的引力透镜效应之后才得出来的，星系团在其中就像一个透镜。我们可以将这种效应进一步扩展开来。子弹星系团不仅会对遥远星系产生透镜效应，对其他任何身处其背后的物体也会"一视同仁"，包括宇宙微波背景在内。如果能精确测出子弹星系团附近宇宙微波背景的数值，就会发现它其实有些失真。将宇宙微波背景作为背景光源有不少优点，其中之一就是它来自一个距离可以被精确测量出来的表面，故据此精确计算出引力透镜效应的后果。由于子弹星系团相当大，其作用效果也相当明显。不过事实上，所有介于我们和退耦面的质量集中区域都会起到透镜的作用。无论望向何方，我们看到的宇宙微波背景其实都经受过透镜效应的影响。虽然效应较小，但是在灵敏度超高的科学仪器的帮助下，还是能够将其探测出来。

既然每个方向的宇宙微波背景都经受过透镜效应的影响，我们怎么辨别自己看到的是真实的宇宙微波背景各向异性，还是已经被透镜效应影响了的宇宙微波背景各向异性？答案很简单，透镜对宇宙微波背景产生的影响相当微妙。它会以相当特殊、可计算的方式扭曲各向异性。如果你戴上具有些许纹理的眼镜观测世界，同时你也了解这些纹理的具体特征，就可以明确知道它会对你看到的物体产生什么影响。在宇宙学当中，纹理眼镜对应于我们和退耦面之间的物质分布，观测的"世界"则对应于宇宙微波背景。

这里存在着优美、深刻的关联。根据我们的模型，原始功率谱给出宇宙微波背景各向异性，也给出遍布于退耦面内的整个可观测宇宙中的物质涨落。如果手上有一张正确的图像，就能够以极高的精度计算出宇宙微波背景的透镜效应，因为我们已经清楚掌握整个拼图中的每一板块。目前为止，宇宙微波背景的透镜效应和理论预测契合得很好，由于理论预测远远早于测量结果，这让我们对宇宙学标准模型有了更强的信心。对透镜效应的测量还给我们带来了其他收获。类似于子弹星系团的透镜效应可以告诉我们质量的分布，宇宙微波背景的透镜效应可以向我们展现整个宇宙的暗物质在天空中的分布模式的二维投影。目前质量分布地图已经在制作当中，我们希望今后可以利用宇宙微波背景透镜效应掌握更多宇宙知识。在接下来即将介绍的前四个前沿领域当中，该技术将会起到相当关键的作用。

中微子

尽管本书已经多次提到中微子的存在，直至最近还被认为是无质量的，就在不久以前，科学家们刚刚发现中微子具有质量，其具体数值介于电子质量的千万分之一至百万分之一。宇宙中充满了大量中微子，平均每立方厘米就有 300 多个，因此它们会影响宇宙结构的演化方式。此外，它们还会以各种各样的方式影响宇宙微波背景，透镜效应是其中最与众不同的一种。

在中微子可能的质量范围内，如果它较轻，它的行为就会类似于光子，穿越宇宙时不会影响物质分布；如果它较重，它的移动速度仍然很快，但穿越宇宙时会把质量从高密度区带到低密度区，从而减小物质的簇聚程度。中微子质量越大，物质分布的差异化就越小。另外，物质簇聚程度会影响宇宙微波背景经受的透镜效应，因为透镜效应的来源恰恰就是物质分布的涨落。因此，中微子质量越大，透镜效应信号就越小。

目前用来探测宇宙微波背景透镜效应的仪器灵敏度还不够高，尚无法观测到这一现象，不过相关技术问题不久之后就会得到解决。此外，对于中微子的界定特征来说，相关探测能够给出的信息也不如实验室测量给出的信息多。我们从宇宙微波背景中获得的最重要的信息，其实是中微子的引力对物质分布的影响。宇宙微波背景观测结果的作用有限，比如它无法区分不同种类的中微子，也无法辨别其基本特性。不过这些宇宙中最难以捉摸的粒子会对宇宙微波背景产生透镜效应，利用这一点可以探测它们最基本的特性之一（质量），简直妙不可言。我们对它们的了解实在太少，任何发现都有可能使我们大吃一惊。

之前说过，按照目前所掌握的情况，中微子不可能属于暗物质，现在就分析一下其中的原因。假如它们的行为模式果真和我们料想的一样，那么它们会造成高密度区质量的不断流失，减少宇宙结构的形成，通过星系的分布模式一定能够观察到这种现象，可事实上我们并没有。目前正在筹划的星系观测项目具有相当高的敏感度，可以看到中微子给宇宙结构带来的影响。我们有机会对比一下，看看中微子对宇宙微波背景的影响，和中微子对可见光分布的影响之间到底有什么不同。这也是宇宙正在变成一个实验室的原因之一。我们拥有大量彼此关联的观测结果，从某项独立的探测结果中得出的推论可以和其他推论相互比较。

除质量之外，宇宙微波背景还可以帮助我们确定中微子家族的具体数目，其结果独立于实验测量值。更先进的探测方式可以带来更精确的结果。我们甚至有可能发现某种从未在核反应中看到的新型中微子或相关粒子。

引力波

宇宙学标准模型存在很多变体，其中有不少都提到宇宙早期生成了一种引力波背景，它是量子涨落的另一种形式。通常来说，引力波是时间和空间的畸变，能够以光速在宇宙中传播。如果将引力波对准一个100厘米见方的平板，那么在半个周期内，它会压缩平板的宽度，拉伸平板的长度；在另一半周期内，它会拉伸平板的宽度，压缩平板的长度。如果平板长度变化上限为1厘米，我们就说它的形变幅度为1%。激光干涉引力波天文台（LIGO）设立于地球上的探测器已经探测到一对正在盘旋、合并的黑洞发出的引力波，它们和地球的距离大约为12亿光年，相关形变幅度为十的二十一次方分之几。没错，1的后面跟了21个0，这样悬殊的比例，大致相当于在我们和最近的恒星比邻星之间，也就是4.3光年的长度中，去探测头发丝的宽度。这样的测量精度简直"令人发指"。

大爆炸可能会以"驻波"的方式生成类似的波，不过其波长介于1%可观测宇宙尺寸和100%可观测宇宙尺寸之间。这种波的波长实在太大了，它们带来的时空畸变在我们看来就跟静止没有什么区别。有些模型认为其形变幅度大约为十万分之几，这可比 LIGO 探测到的幅度大多了，大致相当于头发丝宽度和人类身高的比例。

引力波会影响宇宙微波背景的各向异性和偏振。通过对空间的压缩和拉伸，引力波会迫使宇宙微波背景产生细微变化。这种效应极其微小，以至无法和原始功率谱造成的各向异性区分开来。不过引力波能够以一种特征方式影响宇宙微波背景的偏振。如果我们用一系列短棒代表偏振方向，那么原始引力波会在它们身上留下一个淡淡的旋涡图案，称为"原始 B 模式"。现在想象一下，你将一盒牙签扔到了黑色的、面积很大的地板上，然后站在一个小梯子上俯视它们。你扔的力气很大，地板上没有任何重叠在一起的牙签。我们假定牙签的朝向就代表着宇宙微波背景以天空为背景的偏振方向。然后你站在小梯子上，拍了一张照片，牙签的分布看上去完全随机。随后你找来了一面大镜子，对着镜子里的牙签分布又拍了一张照片。最后你把两张照片叠在一起做减法，用镜子中的照片减去直接从地板上拍到的照片，减掉的部分就是两张照片重叠的部分，即"E 模式"；第一张照片遗留下来的，也就是不重叠的部分，被称为"B 模式"。在宇宙学标准模型中，宇宙微波背景的偏振可以说都属于 E 模式：和自己的镜像完全一致。迄今为止，我们还没发现任何原始 B 模式的痕迹。[1]

如果我们真的探测到原始 B 模式，那绝对称得上一项重大发现。它可以帮助我们在引力和相当早期的宇宙中的量

1　原始引力波可以均等地生成 E 模式和 B 模式，但是跟 B 模式相比，E 模式不太容易和宇宙微波背景的其余部分区分开来。

子行为之间找到一种全新的、深层次的联系。此外，当我们分析那些在地面实验室根本无法实现的巨大能量时，它也会给基础物理学带来新的验证。如果暴胀是早期宇宙的正确理论，那么不久之后我们就能在某个角落探测到引力波。事实上，根据较早版本的暴胀理论，我们早该见过引力波的存在了。这种探测发现还会对循环宇宙模型产生巨大影响。按照目前的理解，循环模型无法产生能够让我们利用宇宙微波背景探测到的原始 B 模式。相关的探测结果可以将循环模型淘汰掉。

目前的测量手段相当先进，已经在宇宙微波背景中发现 B 模式的存在。不过它们并非源于原始引力波，而是源于 E 模式的引力透镜效应！那些扭曲了各向异性的透镜效应，同样会改变宇宙微波背景的偏振。和各向异性中的透镜效应类似，E 模式的透镜效应仅停留于理论推测，它可以增强我们对宇宙学标准模型正确性的信心。

结构形成与基础物理

弄清宇宙的构成是一回事，而理解各个成分如何在几十亿年的时间里彼此协同形成如今我们看到的宇宙，则是另一回事。仔细分析质量如何随年代聚集，就能确定宇宙学常数到底是不是真的不随时间而改变。

对于该问题，目前我们有了一种解决方案，那就是将对星系的探测数据和宇宙微波背景结合起来。在接下来的几十年当中，无论是在太空中，还是在地面上，都会展开多项探测活动，获取关于星系及其基本特征的海量数据。目前地面上最大的探测设备就是大型综合巡天望远镜，理论上来说它能探测到上百亿个星系，几乎覆盖了半个天空。在同一片探测区域中，还会在地面上完成对宇宙微波背景的深度调查。之后会对来自这两项调查的引力透镜信号进行动人心魄的比较。当然，将数据整合到一起的方式还有很多种，我们的最终目的是获取一份相当精细的、三维的宇宙图像。利用彼此密切相连的数据资料可以寻找宇宙膨胀速率与时间的数学关系，寻找就恒定不变的宇宙学常数作出的预测值的微小偏离。

苏尼亚耶夫-泽尔多维奇效应和星系团

星系团是宇宙中依靠引力维系在一起的最大天体。所谓星系团，指的就是由数百至数千个星系组成的独立的可辨识系统，比如室女星系团、后发星系团，以及之前提到的子弹星系团。一个星系团的直径通常在 600 万光年左右，是银河系尺寸的 60 倍。如果把星系看作地图上的城镇和村庄，那么星系团就是一个个大都市。星系团有一个相当明显的特征，它们内部充满了不被恒星束缚的炙热气体。这种气体会发射大量 X 射线，就像之前我们在子弹星系团身上看到的那样。

拉希德·苏尼亚耶夫和雅可夫·泽尔多维奇于 20 世纪 70 年代指出，星系团中的炙热气体会对宇宙微波背景产生影响。气体的温度如此之高，以至它们全部处于电离状态，被分解成了自由质子和自由电子。当某个来自退耦面的宇宙微波背景光子经过炙热的星系团气体，和其中的某个电子产生作用时，它就被散射了。炙热的电子会把原本属于自己的部分能量传给光子，从而改变图 2-1 中的宇宙微波背景功率谱。具体来说，就是从波长大于 1.5 毫米的部分中取出一些能量，放到波长较短的部分当中。换句话说，散射会使宇宙微波背景功率谱失真。

这意味着如果我们以大于 1.5 毫米的波长扫描天空，那么星系团的温度看起来会小于 2.725 K，下降幅度大约为千分之一开尔文，用现代的探测器很容易就能探测出来。利用宇宙微波背景中的苏尼亚耶夫-泽尔多维奇效应（SZ 效应），我们已经发现 1000 多个星系团，不久之后这个数字还会继续扩大10 倍。

SZ 效应有一个重要特性，那就是它留下的痕迹和散射发生的时间几乎没有任何关系。对于温度相同的电子来说，当宇宙紧致程度更高时，宇宙微波背景温度也会更高，相应的温度下降幅度也更大。宇宙的膨胀不仅会使宇宙微波背景温度下降，也会让被散射的光子的温度下降，因此总的来看净 SZ 效应没有变化。借助 SZ 效应，能够探测到相当远的距离，甚至可以看到星系团刚刚形成时的宇宙。在特定方向上，我们可以探测到超过某个质量阈值、位于可观测宇宙之内的所有星系团。我们还可以分析星系团数量与时间的对应关系，然后和根据结构形成理论做出的预测比较一番。星系团为我们提供了另一种探寻宇宙学常数的方法。

宇宙学的探测方式多种多样，彼此之间的关联相当密切，也相当重要，星系团很好地说明了这一点。不过，我们无法借助 SZ 效应获知星系团的质量或到星系团的距离。想要探测距离，得在可见光或者红外光下观测。确定星系团质量的办法有很多，最佳方案可能就是利用引力透镜效应，如同在子弹星团的案例中利用可见光分析质量。我相信不久之后我们就可以获取一份标明了各自距离和质量的星系目录，进而掌握另一种探寻标准模型中的新元素的方法。

温度谱

上文分析过，如果辐射源是黑体，你只需测出它的温度就能知道各波段的辐射强度。在目前的测量极限内，宇宙微波背景属于黑体辐射（当然是在远离星系团的地方！）。换句话说，可以用图 2-1 中的普朗克公式描述。不过如果光源不是黑体，那有效温度便依赖于波长。比如宇宙演化过程中有大量能量（如来自粒子衰变的能量）涌入时，或者宇宙演化速度太快导致辐射和粒子之间来不及达成平衡态时，可能就会出现这种情况。有很多已知的物理过程应该会对温度谱造成影响，其改变幅度甚至可以高达十几倍。比如和第一批恒星形成过程相关的再电离，或者是星系和星系团组合的 SZ 效应带来的谱失真。相关信号极其微弱，无法用当前的实验方法检测到，不过科学家们正在想办法设计一种专属的仪器设备搜寻信号，探索各种特性。

小结

现在对本书涉及的重要话题做一个简单总结。在第一章中，我们初步感受到了宇宙让人难以置信的浩瀚程度，对于整个宇宙来说，我们的银河系只是一粒尘埃而已。不知道你们还记不记得，银河系内有 1000 亿颗恒星，其中大多数都伴有行星。从宇宙的视角来看，地球无足轻重。爱因斯坦的宇宙学原理可以作为量化宇宙尺度的一个开端，把该原理和观测结果放到一起来看会发现，如果把宇宙分割成一个个直径 2500 万光年的球形区域，那么无论我们身处何处，周边看起来都差不多。换句话说，在大尺度上宇宙是均匀的。

我们还发现，一望无际的宇宙目前还在不断膨胀，更夸张的是膨胀速度也在不断加快。再次强调一下，这些都是实际观测结果，不是理论推测，宇宙就是这样运行的。为了便于理解，可以将宇宙的膨胀视为空间本身的膨胀，其中的物质随着空间膨胀也踏上了一段奇妙的旅程。不过我们不知道空间为什么膨胀，它只是一种便捷的描述方式而已。在回溯宇宙膨胀历史的过程中，我们意识到时间的有限性——宇宙起源于 138 亿年前的某一刻。它可能不是所有存在形式和所有时间形式的开端，但的的确确是我们可观测宇宙的始点。后来又发现了光速的恒定性，这意味着我们探测的距离越远，看到的画面的时间就越靠前：记住，望远镜就像时间机器一样。当回溯距离足够远的时候，我们就看到了宇宙微波背景。

第二章介绍了宇宙的主要构成：宇宙微波背景、原子、暗物质、宇宙学常数。我们很清楚，宇宙中还存在其他成分，比如中微子，但它们的重要性相当之低，标准模型在解释各种观测结果时根本不用考虑它们。大量原子显著簇聚，形成了各个星系，它们是宇宙中的路标。暗物质也会聚集成群，不过分布不如原子那样集中。和宇宙学常数相关的能量密度充斥整个空间，以目前人类所能探测到的种种结果来看，它们不会簇聚。虽然宇宙微波背景也遍布整个空间，但跟原子、暗物质、宇宙学常数相比，它的能量密度实在是微不足道。

第三章介绍了宇宙微波背景的测量方式，以及如何才能将各向异性地图简化为可用形式，第四章则对各种数据做出了详细解释。本书开头我们曾说过，宇宙中最神奇的事在于我们居然能够在最大尺度上以百分比的精度去认知宇宙。总之，一个炙热、紧致的宇宙诞生于"大爆炸"的开端，随后不断膨胀扩大。量子涨落是原始时空结构固有的属性，后来在早期宇宙快速膨胀的过程中蔓延开来，最后变成分布于空间各处的引力强度涨落。宇宙微波背景向我们提供了一份大爆炸40万年后这些涨落幅度的二维快照。随着宇宙不断演化，暗物质和原子受引力变化的影响逐渐形成宇宙中的各种结构。最初没什么太大作用的宇宙学常数，如今成为驱使宇宙加速膨胀的内在动力，并将逐渐支配整个宇宙。

目前，人类居然得出宇宙学标准模型，堪称匪夷所思。我们宇宙学家真是三生有幸，居然能亲眼见证发生宇宙知识爆炸的年代。这个领域大多数人都还记得当年的情形，那时我们不知道宇宙的几何结构，也弄不清宇宙的成分，更别提宇宙的年龄了。随着数据精度的不断提升，一个又一个的宇宙模型被证伪。我们之前强调过，精确的探测是宇宙学标准模型的根基所在。在数据和模型的不断对比中涌现了大量先进的宇宙学技术。事实证明，早期宇宙相当简单，描述它的物理学也并不复杂。谁也没有料到这种结果，只能感慨这个世界对人类还是很慷慨的，不然我们怎么能发现这么多新东西。

虽然我们手中已经有了一个威力强大且具有可预测性的模型，但即便如此，宇宙学中也存在大量悬而未决的问题等待人们回答。其中有不少可以通过更精确的测量或更高深的理论来解决，比如：暗物质到底是什么？为什么宇宙中充满了大量物质，而不是充满了物质和反物质的混合物？最早期的宇宙涉及的物理学是什么样的？宇宙学常数能解释真空吗？从目前的情形来看，回答这些问题好像没有什么特别"需求"。尽管我们一直在谈论"不断膨胀的空间"，但实际上我们并不知道空间是什么。线索可能就在我们身边，只是我们还没有发现。当然也有一些问题我们可能永远都不知道答案，比如是否存在多重宇宙？我们是否处于不断循环的宇宙的某个周期？

自古以来，宇宙就在一直不断地激发着人们的想象力。尽管最近几年宇宙学取得了空前进步，但无论是理论还是实验，我们对更深层次的知识的探索都从未停下。对于那些凝望深空的人来说，发现新事物，或发现宇宙学标准模型中的某项要素需要更新改变，乃激动人心之举。宇宙微波背景中还有很多亟待发掘的内容，之后我们会坚持不断地进行探测活动，分析相关数据，相信一定能再续佳音。

附录 A

电 磁 波 谱

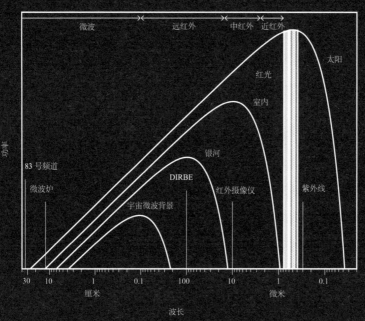

图 A-1　各种波长下的电磁波谱

宇宙小史　　124

图 A-1 向我们展示了各种波长下的电磁频谱。为了方便阅读，x 轴左侧的单位为厘米，右侧的单位为微米，两种单位的交界点为 0.1 厘米 =1 毫米 =1000 微米处。需要注意的是，从左到右 x 轴上的波长在不断变小，这意味着光子的能量从左到右在不断增加。

美国电视 83 号频道是一个比较特殊的频道，它的波长为 34 厘米。微波炉工作波长为 12.2 厘米。它们的频谱呈直线状，这是因为它们的大部分能量都集中在某个波长附近。宇宙微波背景是一种黑体辐射源，其能量峰值在 0.1 厘米附近，但事实上它发射能量的波段是很长的。此图中的宇宙微波背景频谱和图 2-1 中的是一回事，只不过这里 x 轴的范围更广。第三条直线表示插图 3 的拍摄波长，该图来自漫射红外线背景辐射实验。标记为"银河"的曲线对应于温度 30 K 的黑体，而标记为"室内"的曲线则对应于室温黑体（300K）。红外摄像仪可以探测到这种热辐射。6000K 的太阳曲线的峰值出现在波长 0.5 微米附近。黑白渐变区域对应于人眼可视光线，左边对应于红色，右边对应于紫色。紫外线的波长较短，大约在 0.3 微米附近。可以看出，在此附近太阳能量依旧很高，但是我们看不见紫外线。图的顶部有四个标签，分别代表着"微波"波段、"远红外"波段、"中红外"波段、"近红外"波段。从图中我们还可以看出，四条黑体辐射谱线的峰值遵循着维恩位移律。

膨 胀 空 间

"膨胀空间"是一个存在争议的表达方式，本书仅将其作为对宇宙尺寸随时间变化的一种直观描述。爱因斯坦曾经说过："在那个意义上，依照弗里德曼[1]的见解，人们可以说：这个理论要求空间是膨胀的。"[2]此外他还提到："一定要认为一般空间，尤其是真空具有物理实在性，无疑是一个苛刻的要求。"

用来测量宇宙万物具体位置的坐标系的确在不断膨胀。与此同时，在宇宙的大多数时期当中，没有任何东西可以驱使各星系彼此分离，因此"膨胀空间"的概念自然而然地就冒了出来。引力只有吸引性，没有排斥性。在这种情况下，在比图 1-3 和图 1-4 更大的区域中，似乎只要有了各星系的初始速度，我们就能计算引力给各星系带来的具体影响，进而描述宇宙的演化方式。

然而在过去的 40 亿年里，由于宇宙学常数变成能量密度的主要形式，一种全新的力主导了整个宇宙，迫使各星系彼此远离。该力可以用宇宙学常数来具体量化，其行为可以说是"膨胀空间"，也可以说是"生成空间"。同样，如果暴胀理论可以正确描述早期宇宙，那么相关行为其实也算是"膨胀空间"，只不过膨胀速率在短期内呈指数增长而已。暴胀期间有一种可以将粒子彼此推开的力，这种力比引力大很多，其来源也是宇宙学常数，但具体数值比今天观测到的大很多很多。

关于"生成空间"还有另外一个例子。如果宇宙的几何结构像图 4-1 右图一样呈封闭状，那么宇宙的体积将是有限的，而且会随着时间不断变化。这样看来，空间的确可以不断创生。

理解空间的本质——也就是真空的本质——属于物理学的前沿课题。目前我们对真空的理解还不够深刻。在某些情形下，我们几乎是被迫认为空间在不断扩充、膨胀；有时空间的扩充和膨胀甚至会误导我们去设想一些根本不存在的力。尽管如此，"膨胀空间"的概念还是很有用的，它可以帮助我们认识宇宙的方方面面。

在第二章第三节中我们曾提到，根据广义相对论，亚历山大·弗里德曼推导出了用来描述宇宙行为的一组方程。引文摘自由皇冠出版社于 1961 年出版的《相对论》，作者为爱因斯坦。

译文转自《爱因斯坦文集》（增补本）第一卷，许良英等编译，商务印书馆，2009 年，第 582 页。——编者

宇宙时间线

宇宙年龄	紧致程度或 宇宙标度因子	事件
0	特别特别特别小	"大爆炸" （第一章第二节和第三节）
1.4×10^{-14} 秒	2.2×10^{-17}	光子能量基本等于大型强子对撞机中粒子相互作用的 能量 （第二章第一节）
0.000025 秒	1×10^{-12}	出现了夸克-胶子等离子体。 就和相对论重离子 对撞机中的情形一样 （第二章第一节）
3 分钟	3×10^{-9}	氢、氦、锂、铍的原子核已经形成， 宇宙温度为 10 亿 K （第二章第一节、第四节和第四章第三节）
1 年	1×10^{-6}	参见附录 D
51000 年	0.00029	物质-辐射均等时期，能量密度的主要形式开始从辐射 变为物质， 宇宙开始生成结构 （第二章第四节）
400000 年	0.001	"退耦时期"，氢原子形成， 宇宙微波背景开始自由地向各处弥散， 有时该时期也被称为"复合期" （第二章第四节和第三章第二节）
100 万年	0.0017	
2 亿年	0.05	第一批天体形成 （第一章第六节和第二章第四节）
3.7 亿年	0.078	那些最远的、目前尚未被探测到的 天体形成于此时期 （附录 D）
4 亿至 7 亿年	0.08~0.12	哈勃超深空中那些最遥远的 天体形成于此时期 （第一章第六节和第二章第四节）

宇宙年龄	紧致程度或 宇宙标度因子	事件
5 亿至 10 亿年	0.1~0.15	"再电离时期"，第一批恒星迫使 宇宙再次电离，自由电子散射了 5% 至 8% 的宇宙微波 背景光子 （第二章第四节和第四章第三节）
59 亿年	0.5	宇宙紧致程度为当今两倍 （第一章第三节和第六节）
93 亿年	0.71	地球和月球诞生 （第一章第三节）
100 亿年	0.75	"物质-Λ 均等时期"，有效能量密度的主要形式从物质 变为暗能量 （第二章第四节）
137 亿年	0.993	恐龙出现 （第一章第三节）
138 亿年	1	我们生活在一个以 ΛCDM 为 标准模型的宇宙当中

对于那些极小的数字，我们不得不采用科学计数法，数字右上角的指数可以告诉我们小数点的位置。比如 $1 \times 10^2 = 100$，$1 \times 10^2 = 0.01$。宇宙紧致程度在表格中以系数表示，用当前宇宙大小乘以系数，我们就知道过去的天体处于一种如何接近的状态。

可观测宇宙与
时间的对应关系

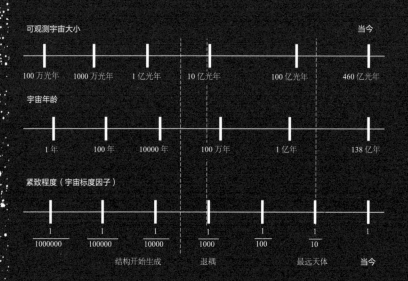

图 D-1

图 D-1 向我们展示了可观测宇宙大小与年龄之间的对应关系。图中共有 3 条竖直虚线，按照从左到右的顺序，它们分别代表宇宙结构开始生成的时间（对应于第二章第一节），宇宙微波背景与原始等离子体退耦的时期（对应于第二章第四节），我们与某个最远的可识别天体之间的"距离"。

看到一个遥远物体时，我们脑海中跳出的第一个问题就是"这东西有多远"。站在宇宙的视角来看，我们在研究物体距离时要格外仔细，因为光线自该物体向我们传播的过程中宇宙也在不断膨胀。在我们接收到光线的一刹那，宇宙已经膨胀了很多很多。尽管自大爆炸之后"光线传播距离"为 138 亿光年，但是在这 138 亿年中宇宙膨胀了不少，因此宇宙当前的"半径"（科学文献中一般称为"共动距离"，可以直接当作"可观测宇宙"的半径）为 460 亿光年，直径为 920 亿光年，大约是第一章第四节中给出的数值的 3 倍大。

根据紧致程度（或"宇宙标度因子"）来认知宇宙是一种很自然的方式。我们在研究宇宙具体年龄和大小时，必须考虑到与之对应的紧致程度，原因就在于基本物理属性——温度、密度、膨胀速率等——全部依赖紧致程度。之后根据紧致程度，我们可以推测出宇宙的具体年龄和大小。比如从图 D-1 左侧可以看出，当宇宙紧致程度为当前 100 万倍时，其年龄为 1 岁，可观测宇宙大小约为几百万光年。此时宇宙微波背景的温度比现在高 100 万倍，因为温度和紧致程度成正比。

目前，一个名为 EGSY8p7 的星系是人类可观测到的最远天体之一。当宇宙紧致程度为当今 10 倍左右时，该星系向我们发出了光线。如今我们接收到的光线来自宇宙 6 亿岁左右的时期，因此该光线一共行进了 132 亿年（138-6）。插图 5 中该光线位于紫色环带，即哈勃超深空观测到的区域。事实上"这东西有多远"问得并不准确，因为从光线出发开始，到我们接收光线为止，宇宙已经膨胀了很多。

根据附录 C 给出的宇宙年表，我们可以将图 D-1 中的图向左侧进一步拓展。

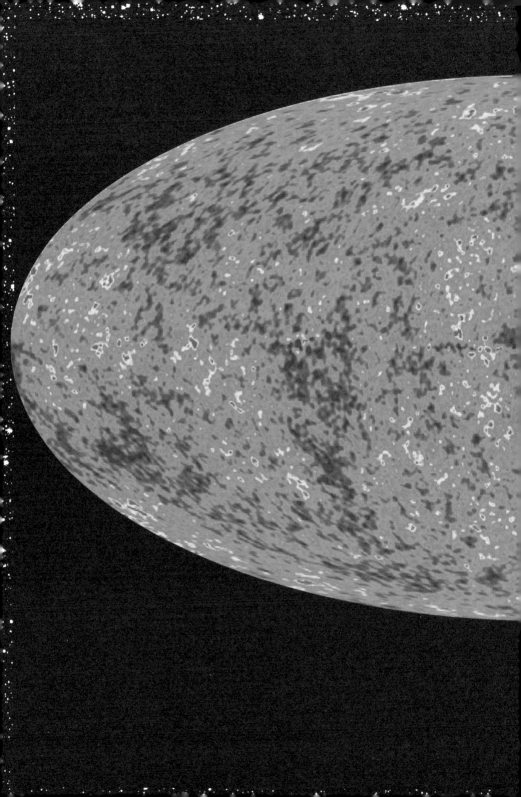

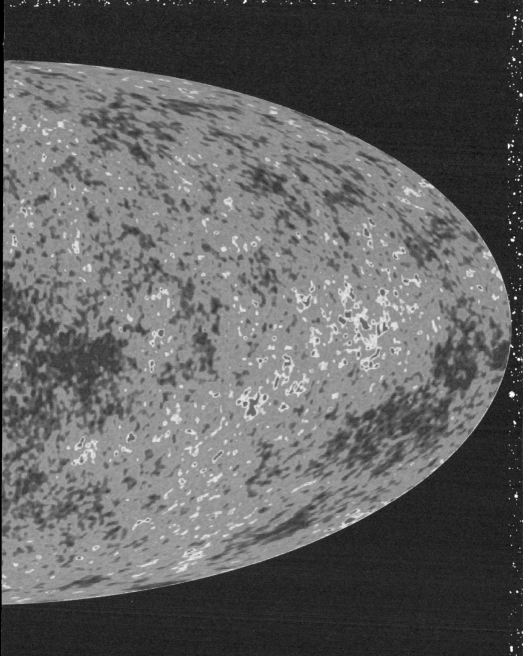

插图 1　在测量了整个天空中宇宙诞生时残留光线的温度变化之后，得到了这幅图。最红和最蓝区域之间的温度差只有万分之四摄氏度。本书旨在对该图做出详细解释，并从中分析出宇宙的方方面面。（图片来源：NASA/WMAP 科学团队）

GP

GC

插图2　银河在画面中大约呈45°角，自左下向右上。该照片由朱利奥·埃尔科拉尼和亚历山德罗·斯基拉奇拍摄于智利圣佩德罗·德·阿塔卡马的郊外，利坎卡武尔火山就在左下角的位置。图片外围有两个标有"GP"字母的箭头，箭头中间就是银道面。银道面之外的亮点是银河系中的恒星。银道面和"GC"连线的交汇区域代表银心。银道面的黑暗区域便是所谓的"尘埃带"。虽然这些尘埃会遮蔽可见光，但也会散发出热辐射，如插图3所示。

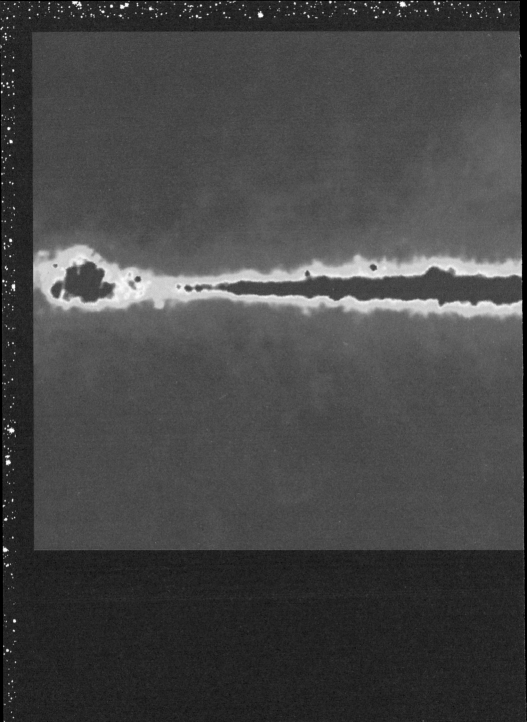

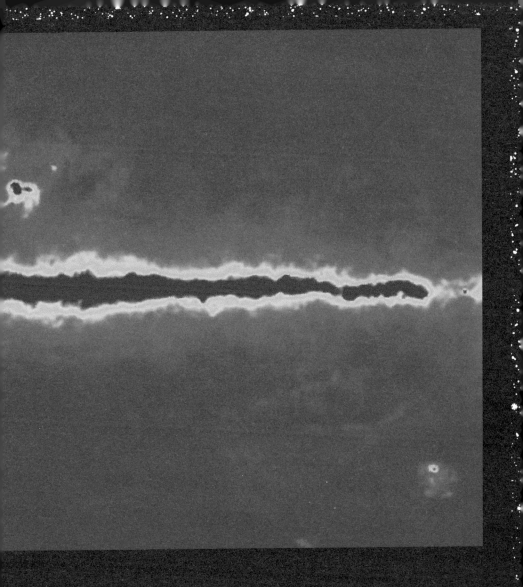

插图 3 　图为银河中暗暗发光的尘埃，由装载于宇宙背景探测者（COBE）上的漫射红外线背景实验仪器拍摄。
　　　　　它向我们展示了 100 微米波长（约为插图 2 波长的 200 倍）下的远红外辐射。尽管在插图 2 中尘埃
　　　　　遮蔽了星光，但在本图的波长下我们可以看到这些尘埃在发光。银心位于图片的中心，中心上方有个斑
　　　　　点，它其实是一片名为蛇夫座复合体的大尘云。最左侧那一团是天鹅座。右下角的亮点是大麦哲伦星云，
　　　　　它是位于地球附近的矮星系（插图 2 中大麦哲伦星云位于右侧，在拍照的一瞬间它刚好在地平线以下）。
　　　　　本图覆盖了四分之一的天空。如果你站在沙漠中，并且能够在该波段下观测银河，那么图像的范围将横
　　　　　跨整个地平线。（图片来源：NASA/COBE 科学团队）

插图 4　图为哈勃超深空，图中绝大多数天体都是星系。来自距我们最近的那些天体的光线，朝着我们传输了10 亿年，而来自距我们最远的那些天体的光线，传输了大约有 130 亿年。望远镜在对准天炉座的时候拍摄到了这张照片。（图片来源：NASA、ESA、S. Beckwith 、哈勃超深空团队）

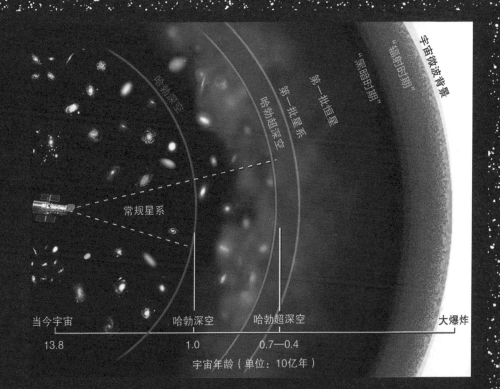

宇宙微波背景

"辐射时期"

"黑暗时期"

第一批恒星

哈勃超深空

哈勃深空

常规星系

当今宇宙		哈勃深空	哈勃超深空	大爆炸
13.8		1.0	0.7—0.4	

宇宙年龄（单位：10亿年）

插图 5   望远镜就像时间机器。我们凝望深空，其实就是在回溯历史。利用哈勃超深空图片，我们可以回顾星系刚刚开始形成的时期。第一批恒星的光芒产生于宇宙年龄为 2 亿岁左右的时期，自那以后这些光芒就一直在朝着我们传输。我们可以认为这些光来自贴近可观测宇宙边缘的某个壳层，而宇宙微波背景则刚好来自可观测宇宙的最外缘。图中最靠外的黄色环带就是宇宙微波背景。横轴上标有"大爆炸"的地方就是时间线的开端。（图片来源：NASA）

插图6　这是根据钱德拉X射线天文望远镜、麦哲伦望远镜、哈勃空间望远镜提供的数据合成的子弹星系团图像，其尺寸大约为满月的1/6，白色和淡黄色的天体大都是星系，粉色区域代表正常物质，主要形式为不断释放X射线的炙热气体。蓝色区域代表因引力透镜效应而被发现的暗物质，请仔细看看蓝色区域的星系集中程度。（图片来源：X射线——NASA/CXC/CfA/M. Markevitch等；光学支持——NASA/STScI, Magellan/U. Arizona/D. Clowe等；透镜地图——NASA/STScI, ESO WFI, Magellan/U. Arizona/D. Clowe等）

北天极

−300 μk ————————————————— +300 μk

插图 7　本图为一张全天域地图，以莫尔韦德投影的方式展现了宇宙微波背景各向异性以及银河辐射。上图为在 0.2 厘米波长下绘制的普朗克地图，银河附近的辐射主要存在于虚线之间。虚线上下的那些信号大部分属于宇宙微波背景各向异性，极个别地方会有银河辐射穿过。虚线左上方的小方框中心为北天极，插图 8a 中有详细展示。下图为威尔金森微波各向异性探测器地图。如果你把视线从银河移开，上下两张地图看起来其实是一样的。温度色谱的范围为负三亿分之一至正三亿分之一。其中符号"μ"表示"百万分之一"。（图片来源：ESA、Planck Collaboration: NASA/WMAP 科学团队）

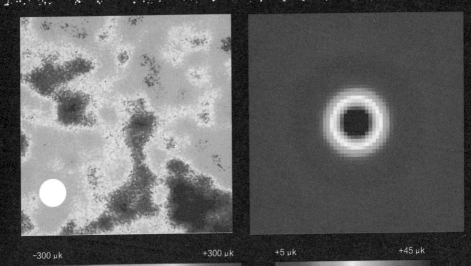

插图 8a　左图为插图 7 中以北天极为中心的普朗克地图特写，大小为 $4° \times 4°$。下方的白色圆圈表示一个满月的大小。当然，满月并不在北天极附近。右图为普朗克地图中 10000 多个热区（红色区域）的平均图像，大小同样为 $4° \times 4°$。在合成图像的过程中，每个小区域的不规则的棱棱角角都被平均掉了。图中蓝色接近于所有热区和冷区的平均温度，即 2.725 K，而红色为热区温度的平均值，比 2.725 K 高 45 μK。（图片来源：ESA、Planck Collaboration）

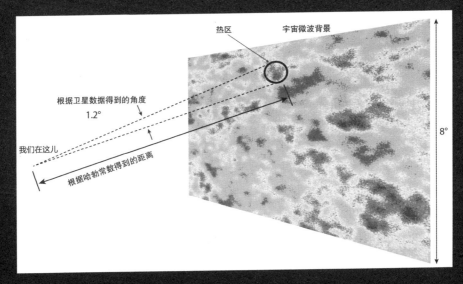

插图 8b　测量宇宙微波背景热区（或冷区）大小的示意图。该热区的平均值对应于图 3-3 中功率谱的峰值，插图 8a 中也有所展示。利用哈勃常数的相关知识，我们可以把测得的角度和计算出来的热区大小综合处理，最后确定宇宙的几何结构。（图片来源：ESA、Planck Collaboration）

致谢

　　当初在学习宇宙学的过程中，我的运气一直不错，业内很多领军人物都给了我莫大的帮助，让我受益匪浅。戴维·斯珀格尔在过去20多年中一直都是我亲密无间的合作伙伴。吉姆·皮布尔斯和保罗·施泰因哈特为我解答了很多困惑，为本书提供了大量宝贵意见。从博士后时期开始，迪克·邦德就一直为我的科研工作指点迷津。斯拉娃·穆哈诺夫教我掌握了和早期宇宙相关的知识。

　　当然，本书出现的所有纰漏都是因为我才疏学浅，我会虚心改正，不断提高。史蒂夫·博恩和希亚姆·卡纳二人逐字逐句地审阅了本书的草稿，提出了很多建议，我感觉深中肯綮，便一一接纳。杰夫·奥穆勒、凯文·克劳利、奥利尔·发拉金、布莱恩特·哈尔、尼哈·阿尼尔·库马尔、洛基·林、克里斯蒂安·罗布尔斯、阿兰·沈、莫娜·耶、凯西·瓦格纳就本书如何才能更加通俗易懂提出了宝贵的见解。在编辑英格丽德·格纳里奇的帮助下，本书改进成了现在的形式。她给出的想法和建议更是不计其数，难以枚举，无论从哪个角度来说她都是一位不可多得的良师益友。

特别感谢我的同事史蒂夫·古布泽，他开创了 The Little Book 系列物理科普读物，并亲自参与了两本书的撰写，其中一本是关于弦理论的，另一本关于黑洞的是（与弗兰斯·比勒陀利乌斯合著[1]）——它们为本书奠定了坚实的基础，指引了我的创作方向。史蒂夫·古布泽 2019 年在一次攀岩活动中不幸离世，他在众多领域做出的巨大贡献会被人们铭记于心。

1　《黑洞之书》于 2018 年 11 月由中信出版集团出版。——编者注

译者后记

　　在宇宙微波背景的引导下，我们知道了时间的开端在哪里，宇宙的尽头在何处（指可观测宇宙），也清楚了什么叫作暗物质，什么叫作引力波。更奇妙的是，跟着作者的思路一路走来，原本和我们日常生活八竿子打不着的宇宙学，如今看起来就像青梅竹马的玩伴一般惹人喜爱。仔细想想，也的确如此，我们凝望宇宙，宇宙也在静静地陪伴我们。我们用一本书的时间看完了宇宙 138 亿年的成长史，宇宙也在时间长河一捧清流的时间里见证了我们的一生。人类的命运本来就和宇宙密不可分，虽然我们总是为了生计而奔波，为了梦想而忙碌，以至常常忘记它的存在，可是它一直在那里，从未消失片刻。

　　是的，步入现代之后，大家越来越忙，能够像清代沈复一样，花一整天的时间观察小虫的孩子越来越少了。成年人更是如此，虽然生活水平上去了，但是闲暇时光却越来越弥足珍贵。我们好像再也没有精力关心那些和工作、生活没有太大关系的事物。与抬头看一眼难得一见的月全食，打开窗户数一数天上的繁星相比，我们似乎更愿意多敲两行代码，多联系两个客户。

这是历史车轮的必然方向，不宜从个人的角度妄加评判。但一个显而易见的事实是，空余时间的减少必然会迫使科普工作变得精细化、高效化。刚拿到这本书的英文原著时，我感觉有些不可思议，我想不通作者怎么能用这么短的篇幅讲完整个宇宙的故事。随着翻译工作的展开，我才逐渐认识到作者巧妙的切入角度、凝练的文笔、流畅的行文，真的可以把138亿年的宇宙史浓缩成五个章节，真的可以把不可能变成可能。

之前，我从事过很长时间的科普工作，深知科普工作的不易，也明白"把一件事讲出来"和"把一件事讲明白"之间有多大差距，更清楚在讲明白的同时，还要做到举要删芜、会文切理是一项多么困难的工作。当然，这或许是因为我学术不精，所知甚少，也或许对于学术界的专业人士而言，这本是一件"读书破万卷，下笔如有神"的事情，但可以确定的是，无论如何，作者都必然为自己的作品付出了大量的心血与汗水。这本书的原文可谓言简意深、凝练有力，给出了大量生动形象的比喻，每读完一个章节都能让人有一种醍醐灌顶的快感，仿佛自己已经摆脱繁杂日常的困扰，飞向了无垠的宇宙，可以看一看在整个宇宙的尺度上真正有意义的东西。如果中译本有任何佶屈聱牙、晦涩难懂的地方，那必然源于我学识有限、文笔不精，还请各位读者多多包涵，不吝斧正。

说到这里，我不得不感慨一下，虽然翻译工作总是能让我感到自己的渺小与无知，但事实上这也正是翻译和阅读的快乐所在。虽然很多时候看到的文字、掌握的知识并不能立即发挥价值和作用，但具体的理解过程却总是能给人一种安心、快乐的感觉。这是一种独一无二的享受，其他任何娱乐形式都无法带来类似的体验。若是刚好能遇到知识与生活产生联系的那一刻，那我们恨不得马上高歌一曲，畅舞一番。例如，我在第三章中看到"电视雪花与宇宙噪声"之间的关系的瞬间，就有一种恍然大悟的畅快和一种拍案叫绝的冲动。我虽然也粗略学过一些天文知识，但从不知道亿万光年之外的遥远宇宙居然会以这种奇妙的方式影响我们的日常生活。宇宙的神奇、生活的美妙，由此可见一斑。

之前，我看到一个观点——如今我们处于一个信息爆炸的时代，很多原本能震撼人心的新闻和资讯，在各种信息的轰炸之下早已经变得"见怪不怪"。我们对很多事物都失去了新鲜感，对很多知识都变得麻木。其实，我觉得这只是部分原因，还有一点就是，现在同质化的内容越来越多，敢于另辟蹊径的作者越来越少。其实，那些千篇一律的东西没人爱看，也很正常。这本书的作者以宇宙微波背景作为线索，在众多科普书籍中不算多见。其思路如此清晰，结构如此严谨，更是难得。希望中译本能够唤醒大家的好奇心，激发大家对宇宙的思考，这样我才没有浪费佩奇先生的心血。

我想感谢家人的理解与支持，感谢同事的认可与帮助。当然，我还要感谢作者的辛勤付出，感谢中信出版社引进这本书，国内真的缺少这种优质的科普读物。

衷心希望国内的科普环境和科研环境能变得越来越好，愿每一颗好奇的心都能及时得到满足，愿每一个躁动的灵魂都能得到正确指引。

2021 年 12 月 12 日深夜于北京